Autoren-Verzeichnis

zur Bibliographie der Veröffentlichungen über den Leichtbau und seine Randgebiete im deutschen und ausländischen Schrifttum

aus den Jahren 1940 bis 1954

von

DR.-ING. H. WINTER
ord. Professor an der Technischen Hochschule Braunschweig

Im Buchhandel durch den

SPRINGER-VERLAG BERLIN — GÖTTINGEN — HEIDELBERG

1957

ISBN-13 : 978-3-642-92719-5 e-ISBN-13 : 978-3-642-92718-8
DOI : 10.1007/978-3-642-92718-8

Softcover reprint of the hardcover 1st edition 1957

Author Index

to Bibliography of Publications on Light Weight Constructions and Related Fields in German and Foreign Literature

from 1940 to 1954

by

DR.-ING. H. WINTER
Professor an der Technischen Hochschule Braunschweig

Supplied to booksellers by

SPRINGER-VERLAG BERLIN – GÖTTINGEN – HEIDELBERG
1957

Vorwort

Zu der im Februar 1956 herausgebrachten „Bibliographie der Veröffentlichungen über den Leichtbau und seine Randgebiete im deutschen und ausländischen Schrifttum" erscheint nunmehr das Autorenverzeichnis. Leider war es beim Erscheinen der Bibliographie unmöglich, dieses Autorenverzeichnis als Bestandteil mit herauszugeben. Nunmehr wurden in dankenswerter Weise vom Niedersächsischen Ministerium für Wirtschaft und Verkehr die Mittel zur Verfügung gestellt, das Autorenverzeichnis aufzustellen und den Druck auszuführen. Ich bin dieser Dienststelle sehr zu Dank verbunden, daß der vielfach geäußerte Wunsch nach einem Autorenverzeichnis für die Bibliographie nunmehr erfüllt werden konnte.

Das Autorenverzeichnis enthält die Namen aller in der „Bibliographie der Veröffentlichungen über den Leichtbau und seine Randgebiete" aufgezählten Autoren, d. h. auch gegebenenfalls den zweiten und dritten Autor. Ist hinter der Seitenzahl eine Klammer mit einer Ziffer, z. B. (6), so gibt die Ziffer an, wie oft der Autor auf der betreffenden Seite vertreten ist, im Beispiel also sechsmal.

Der Springer-Verlag, Berlin-Göttingen-Heidelberg, bei dem bekanntlich die Bibliographie erschienen ist, hat sich auch des Autorenverzeichnisses in dankenswerter Weise angenommen. Der Druck des Autorenverzeichnisses wurde in vorbildlicher Weise von der Firma ACO-Druck GmbH., Braunschweig, ausgeführt. Auch hierfür möchte ich meinen Dank abstatten.

Nicht zuletzt gebührt mein Dank auch meinen Mitarbeitern, und hier ganz besonders Herrn Ing. Schlünz, der die Hauptarbeit bei der Zusammenstellung des Autorenverzeichnisses auf sich nehmen mußte.

Braunschweig, den 11. März 1957

Hermann Winter

Preface

As addition to the „Bibliography on Light Weight Constructions and Related Fields in German and Foreign Literature" published February 1956 now the Author Index is coming out. At the time of publication of the Bibliography it was regrettably impossible to edit simultaneously this Author Index as ingredient of the Bibliography. At present the Niedersächsische Ministerium für Wirtschaft und Verkehr has granted in a manner worthy of acknowledgement the financial means for the compilation of the Author Index and for the printing. I owe a great debt of gratitude to this ministery that the often expressed desire for an Author Index to the Bibliography could now be accomplished.

The Author Index contains the names of all authors enumerated in the „Bibliography of Publications on Light Weight Constructions and Related Fields", that is to say, also the names of the second and third authors. If behind the number of page a figure is set in paranthesis, e. g. (6), so this figure indicates how often the author is cited on this page, in example accordingly six times.

The Springer-Verlag Berlin-Göttingen-Heidelberg which has published the a. m. Bibliography is now likewise publishing the Author Index. The printing of the Author Index has been carried out, in exemplary manner, by the firm „ACO-Druck, Braunschweig". I owe both firms many thanks.

Further thanks is due to my collaborators and especially to my collaborator Schluenz who has done the main work for the compilation of the Author Index.

Brunswik, 11-3-1957

Hermann Winter

A

Aas-Jacobsen, A 251
Abdank, R. 252
Abel, G. C. 931
Abel, Louis 775
Aber, W. C. 740
Abit, E. 903
Abkowitz, Stanley 373
Aborn, R. H. 324
Abraham, Martin 564(3), 629
Abrams, J. I. 164, 210
Abramyan, B. L. 491, 500
Accountius, Oliver E. 376
Acharya, Y. V. G. 512
Acherman, W. L. 364, 551
Acker, H. G. 600
Ackeret, J. 920, 974
Ackerlind, C. G. 347
Ackermann, Ernst 959(2)
Ackermann, L. 977
Adams, A. M. 374
Adams, C. H. 405, 406, 407, 464, 799
Adams, C. M. 657
Adams, D. F. 701(2), 703
Adams, D. R. 898
Adams, D. S. 370
Adams, E. H. 217(2)
Adams, H. W. 949
Adams, S. R. 420
Adaridi, B. 711
Adderley, J. W. 822
Addison, J. V. 178
Adenstedt, Heinrich 349, 359
Aders, Karl 448
Adkins, J. E. 257
Adler, A. 333
Adler, N. 916
Aggarwala, B. D. 211
Aghbabian, M. S. 491
Ahlsdorff, Max 104
Ahrens, H. 863
Ahrens, Rudolf 845, 867, 876
Ahrens, Wilhelm 266
Aida, Ch. 541
Aiken, W. S. jr. 764
Ainley, D. G. 822
Aitchison, C. S. 303, 307, 342, 355, 738
Aitchison, Leslie 81, 355
Akerman, John D. 470
Akers, J. R. 553
Akin, B. 582
Akutagawa, T. 291
Albenga, G. 977
Albers, H. 661
Albers, Kurt 525, 593, 594 (2), 606, 633
Albert, H. 953
Albert, L. 830, 831
Albrecht, A. 271
Albrecht, Fritz 697(2)
Albrecht, Isabelle 513
Albrecht, Rudolf 596, 611, 768(2), 777, 975, 981
Albrecht, Werner 858, 859
Albright, Russel K. 113
Albring, W. 924
Aleck, B. J. 167, 590, 628
d'Alelio, G. F. 84
Alexander, Allen L. 435, 437
Alexander, B. 575
Alexander, J. B. 383
Alexandre, R. 961
Alf, Fritz 679
Alford, J. S. 827
Alfrey, Turner 84
Algyay, Paul 974
Alippi, C. 919
Allen, A. H. 825
Allen, D. C. 252, 911, 932(2)
Allen, N. P. 295, 296, 300, 314, 365, 375
Allen, O. 104
Allen, Robert E. 781
Allen, R. W. 988
Allward, M. F. 944
Almen, J. O. 445, 446, 570
van Alphen, W. J. 184
Altenburger, C. L. 309, 667
Altenpohl, D. 438, 550, 557
Alter, H. J. 949
Altherr, A. 398, 401, 666
Althof, F. C. 554, 557, 774
Altman, R. C. 313
Altmann, Fritz G. 586, 588
Altpeter, Hermann 92, 565(2), 959
Altwicker, H. 659
Ambwerd, P. 547
Amedick, E. 646
Amerikian, Arsham 967
Ammann, O. H. 975
Ammareller, Sepp 313, 575
Ammon, Otto 104
Amstutz, Ed. 739
Amstutz, Ernst 145(2), 485, 501, 785, 955, 973
Amtsberg, H. C. 653
Anast, J. L. 942, 943
Ancker, C. J. jr. 492
Anders, Ernest 710(2)
Anders, H. 895
Anders, Walter 600, 612, 781, 888
Anderson, A. B. 398
Anderson, A. R. 761, 762

A

Anderson, C. G. 261, 490
Anderson, E. A. 720, 744
Anderson, E. D. 967
Anderson, G. 886
Anderson, George B. 599
Anderson, H. V. 753
Anderson, John E. 660, 912, 913
Anderson, J. W. 104
Anderson, L. O. 969
Anderson, M. S. 495
Anderson, Newton H. 111
Anderson, Roger A. 172, 190, 191, 283(2), 284, 481, 490, 495, 913, 925(2)
Anderson, R. G. 769
Anderson, Robert J. 82
Anderson, S. L. 432, 744, 745
Andersson 178
Andrade, E. N. da C. 288, 295
Andrä, Wolfhart 73
André, P. 429
Andreini, S. B. 454, 456
Andrews, C. W. 780(3)
Andrews, H. J. 536, 633, 634
Andrews, L. C. 237
Andrews, W. A. 490
Andriessen, C. J. 675
Andruszewicz, Stanislaus 153
Anevi, G. 505
Anger, Georg 70, 152
Angermayer, K. 889
Angioletti, A. 768
Angle, G. D. 943
Angus, H. T. 331
Anthony, John 653
Antia, K. F. 792
Antonoff, M. 396, 775
Antz, H. M. 185
Antzenberger, Paulette 383
Anzenberger, Hans 969
Aoki, Matsuyoshi 560
Apblett, W. R. 601, 603, 612, 688, 699
Aphanasiev, N. N. 537
Apley, M. 404
Apold, Arne 686
Appaly, Clemens 600, 609
Appel, W. D. 432, 873
Appelt, W. 810
Apraiz, José 301
Arata, Winfield H. jr. 901
Arbault, M. 882, 883(2)
Arbel, C. 668
Arbon, E. R. 775
Archarya, Y. V. G. 256(2)
Archer, B. J. 369
Archer, R. F. 831
Archer, R. S. 81
Arend, Heinrich 82, 297(2), 300, 307, 437, 453, 555, 686, 770
Arendt, R. 282
Argyris, Johannes 985
Argyris, John H. s. auch Hadji-Argyris 147, 186, 191, 211, 222, 256, 486, 502 (2), 505
Arldt, H. 935, 987, 988
Armbruster, Ernst 264, 266(2), 269, 270, 403(2), 518, 617(2), 638, 968
Armbruster, Fritz 395
Armour, J. D. 674
Armstrong, D. 726
Armstrong, E. T. 596, 597, 607, 608, 672(2)
Armstrong, F. H. 385
Armstrong, L. D. 267
Armstrong, T. N. 326
Arndt, Michael 681
Arnold, H. 576
Arnold, L. 923, 924
Arnold, P. C. 684
Arnold, R. 815
Arnold, S. M. 536, 646
Arnold, T. H. 548
Arnoldt, Wilhelm 429(3)
Arnstein, K. 507
Arnulf, M. A. 720, 775
Aronofsky, J. 530
Aronson, D. 825
Arpi, R. 774
Arredi, Filippo 481
Arslan, A. 89
von Arx, A. 753
Asada, Hirosi 355
Asaka, Makoto 548
Asbrand 623
Ashburn, A. 361, 365
Ashcraft, D. J. 546, 558, 602
Ashton, G. 583
Ashton, Theodore 680
Ashwell, D. A. 500
Ashwell, D. G. 207, 209, 210, 216, 227, 481, 501
Atherton, W. H. 113
Atkin, E. H. 195(2), 238, 487
Atkins, W. S. 591, 782
Atkinson, E. B. 408
Atkinson, H. B. jr. 414
Atkinson, R. J. 508
Aubaud, J. 527, 586, 767, 768(3), 769
Aubertin, F. 347
Auchter, C. 691, 723, 858
Auerswald, H. G. 893

Augenstein, J. 855, 856
Aughtie, F. 761
Augustin, J. 816
Augustin, J. U. 870
Aul, E. L. 490, 530
Ault- G. Mervin 374, 824
Aumund, H. 113
Aureden, H. 789, 835
D'Auriac, P. A. 474
Aussum, Paul 68
Austin, C. R. 662
Austin, John B. 94, 97, 102
Austin, W. J. 168, 172
Avans jr. 641
Averbach, B. L. 590, 601(4), 692(7), 693 (3)
Avery, C. H. 582
Avery, Howard S. 309, 326, 686, 689, 747
Axilrod, Benjamin M. 389, 407(2), 409, 411(3), 413(2), 415, 417, 464, 513, 614, 796, 797, 949
Ayers, J. C. 433
Ayers, J. E. 988
Ayre, R. S. 274, 278, 279, 283
Ayre, Wilfried 892
Ayrenschmalz, L. 567
Ayres, Charles F. 375
Ayres, Robert F. 434, 722
Ayßlinger, H. 593, 681
Ayuela Berjano, Victor Manuel 576
Aziz, Mostafa Kamal Abdel 669
Aziz, P. M. 549, 552
Azou, Pierre 303

Baab, George W. 188, 239
Babcock, G. M. 438
Bach, B. B. 325
Bach, J. 641
Bachmaier, W. 810
Bachmann, H. 722
Bachor, Robert 236
Back, Goldie 187, 238
Bader, E. 925, 929
Bader, R. 925
Badger, D. M. 912
Badger, R. M. 408
Badger, W. L. 560
Bächtiger, A. 853, 861, 863(2)
Bächtold, J. 231, 242
Bähring, Werner 151
Bär, S. 565, 955
Baer, H. W. 478
Baer, W. H. 347
Baerfuß, D. 705
Baerlecken, E. 560
Baes, Louis 116, 961
Baeschlin, M. 982
Baetzel, Edmund R. 794
Bagsar, A. B. 563
Bahke, Erich 783, 786, 790, 807, 984(6), 985(3)
Baiker, W. 732
Bailey, C. M. 619
Bailey, D. C. 792, 961
Bailey, D. L. R. 477
Bailey, G. C. 569, 631, 711
Bailey, J. C. 631(2), 642, 710(2), 792, 833, 958(2), 959, 986
Bailey, J. W. 821
Bailey, Ned 391, 803, 896, 969, 970(2)
Bailey, R. W. 293, 837
Bailey, S. B. 329
Bailey, W. H. 687, 762
Baillard, M. G. 576(2)
Bainbridge, C. G. 96, 97,
Baird, J. W. 949
Baird, P. K. 397, 412(4), 413
Bairot, J. V. 325
Baker, A. L. L. 225
Baker, D. A. 409
Baker, Elijah 111
Baker, F. J. 134, 889
Baker, Hugh 358
Baker, J. E. 927
Baker, J. F. 114, 156(2), 157(2), 158, 483, 485, 509(3), 965, 966(2), 967(2)
Baker, J. G. 271
Baker, James L. 460, 461
Baker, S. 727
Baker, W. E. 837
Baldauf, G. H. 620
Baldwin, W. M. jr. 289, 311, 364, 365
Baljo, O. E. 825
Ball, C. J. P. 356
Ball, F. A. 689
Ball, J. G. 597(2), 603, 686, 694
Ball, J. K. 898
Ballard, W. E. 731, 732
Ballenstedt, L. 902
Balleret, A. 817
Ballerstedt, W. 230(2), 239(2)
Ballet, M. 278
Ballett, J. T. 365(2), 598
Ballay, Marcel 328(2), 329
Balley, M. 555
Ballhaus, W. F. 148, 473
Ballif, P. 945
Ballu, T. 881

B

Balluffi, R. W. 299
Bally, J. 642
Bammert, K. 825
Bamptylde, J. W. 331
Banaschek, K. 588
Bandel, Gerhard 299, 317, 321, 739, 775
Bandow, Kurt 810, 811(3)
Banks, F. R. 816, 817, 824, 825
Bankwitz, Ernst, 285
Bannister, J. L. 566
Banta, H. M. 310
Barab, Saul 189
v. Baranoff, A. 267(2)
Baránszky-Jób, Imre 849, 862
Barat, A. 200
Barber, Clifford L. 706
Barber, E. 309
Barbers, J. 751
Barbré, Rudolf 186, 187(2), 188, 501, 978
Bardenheuer, Peter 309, 317
Bardgett, W. E. 309, 314, 454, 575, 826
Bardin, P. C. 730
Bardot, Marcel 653, 655
Bark, R. 539, 817
Barka, J. 276
Barkas, W. W. 381, 383
Barker, R. S. 530
Barksdale, Jelks 82
Barloon, Marvin 858
Barlow, D. A. 347, 494, 569, 631, 632
Barnaby, R. S. 540
Barnard, W. 928
Barner, G. 533
Barnes, R. Bowling 754
Barnes, D. C. 584
Barnes, F. A. 943
Barnett, W. J. 315
Barnickel, O. 778
Baron, F. 641
Baron, F. M. 208, 238
Baron, J. J. 874(2), 875
Baron, M. L. 284(4)
Baroy, M. S. 892, 896
Barr, W. 308, 596(2)
Barr, R. H. H. 821, 822
Barret, J. C. 602
Barrett, Anthony J. 349, 493(2), 510, 512
Barrett, L. 369, 603
Barrett, Paul F. 262(2), 360, 362
Barro, Robert R. 967
Barrois, W. 472, 474
Barron, H. 85, 86
Barrow, T. W. 855 (2)
Barry, J. J. 733
Barsch, W. 97
Barta, J. 212, 221
Barteld, Klaus 757(2)
Bartels, W. 442, 603
Barth, H. 818
Barth, Rudolf 70
Barth, W. J. 365
Barthélemy, J. 234, 247, 248(2), 283
Bartholome, Werner 750
Bartholomev, E. R. 420
Bartle, E. W. 828
Bartoe, W. F. 408
Barton, H. K. 653, 655, 661, 727
Barton, L. C. 727
Barton, M. V. 251, 279(2)
Bartone, Leonhard M. 188, 628(2), 630
Bartsch, E. 137, 906
Bartsch, M. 732
Barwell, F. T. 182, 800
Basch, A. 275
Basil, J. L. 542
Bastien, Paul G. 82, 303, 334, 537, 659, 748, 749, 754
Batdorf, S. B. 165, 167, 170, 193, 217, 224(2), 226(4), 227, 229, 234, 236(2), 238(2), 239, 240(3), 260, 288, 290, 503
Bateman, E. H. 158
Bates, C. C. 679
Bathe, C. E. 831
Batson, R. G. C. 449
Battacharya, S. 290
Batten, W. L. 333
Batterson, Sydney A. 139(3)
Baud, V. 198
Baud, R. V. 207, 528, 754, 755, 765
Bauder, U. 669
Bauer, A. 652, 791, 795
Bauer, Bruno, 786
Bauer, F. 209, 275, 280
Bauer, Frances 477
Bauer, Heinrich, 341, 733
Bauer, J. 975
Bauer, M. H. 735, 950
Bauer, Oswald 91, 543
Bauer, W. 980
Bauermeister, H. 642, 887, 888, 892
Bauersfeld, W. 746
Baugh, C. E. 831
Baughman, R. A. 369
Baum, J. 875
Bauman, J. N. 880
Baumann, A. 134, 135, 784
Baumann, Franz 302, 438, 553, 804
Baumberger, R. 761
Baumert, H. 488

Baumgärtel 604
Baumgartner, A. 588
v. Baumhauer, A. G. 919(2)
Baumli, E. 795
Baumstark, J. 848
Baur 335
Baur, G. 610
Baur, H. 852, 853, 855, 856
Baurhenn 578
Bauscher, J. A. 315
Bautz, Wilhelm 330, 443, 458, 465(2), 466, 497, 518(4), 519(5), 520, 526, 528(2), 534(3), 535, 597, 751, 765
Bavendamm, W. 439(2), 440(2)
Bay, Clinton A. 711
Bay, H. 149, 153, 208
Bayer, K. 657
Bayer, Otto, 417
Bayes, R. A. 434
Bayle, G. 78
Bayle, M. 70
Bayoumie, E. A. 769
Bažant, Zd. 158
Beach, W. I. 441, 666, 669
Bean, William T. jr. 816
Bear, H. R. 375
Beard, Albert P. 135, 137, 934
Beardman, E. L. 366
Beardslee, K. R. 375
Bearn, Elisabeth 387
Béatrix, C. 918
Beatson, E. V. 676, 706
Beatty, J. R. 578
Beaudoux, Jacqueline 408
Beaufoy, L. A. 157
Beaulieu, L. A. 391
Beaver, Howard O. 324(2)
Beaver, Wallace W. 376, 606, 607(2), 634(2)
Bechtel, S. C. 266
Bechtle, Richard 663
Beck, Adolf 82(2), 655
Beck, Edgar B. 910, 911
Beck, F. H. 541
Beck, Hubert 209, 653
Beck, W. 552
Becker, A. 799
Becker, Eugen 101
Becker, Fritz 267
Becker, Gabriel 109, 866
Becker, Günther 438, 439, 440, 730
Becker, G. 304, 609, 686, 721, 722
Becker, Herbert 237, 261, 477, 515, 516
Becker, Jürgen Echter 638
Becker, K. 732
Becker, L. M. 519
Becker, P. 849
Becker, R. C. 600, 694
Beckers, Paul 109, 842
Beckett, R. E. 215
Beckmann, Günter 754(2)
Beckstroem, J. 598, 840, 892
Bedarff, H. 545
Bedell, J. H. 648
Bedet 989
Bedford, Chay P. 648, 869
Bednar, A. 582
Bedwell, M. E. 410, 429
Beebe, M. C. 947
Beecher, W. 818, 882
Beeching, R. 586
Beed, C. F. 564
Beedle, L. S. 510(2)
van Beek, E. J. 146
van den Beemt, J. H. 683
Beér, F. 600(2), 604
Beer, F. P. 514
Beer, Hermann 162, 164, 975
Beerwald, A. 459, 546(2), 723(2)
Begeman, M. L. 361, 363, 366
Begovich, N. A. 601, 693
Behnke, Edith 416, 897
Behrens, Heinz 271, 808
Behrens, Otto 449, 561
Behrens, P. 108, 525, 734
Behrens, Willi 915, 920, 928, 936, 941(2)
Behrmann, W. 272, 808, 810(2), 943(2)
Beidermühle, A. 565
Beilschmidt, J. L. 809, 923
Beißwänger, Helmut 661, 667, 668, 669(3), 671(2)
Bekkedahl, Norman 421
Belcher, K. H. 726
Bell, E. R. 746
Bell, Peter 665
Bell, Winifred A. 552, 560
Bellew, G. E. 663
Bellinger 798
Bellis, M. W. 851
Bellmann, H. 439(2), 440
Bellamo, A. 920
Belluzi, Odone 223, 232, 475
Belouss, A. A. 944
Belser, R. B. 708
Benbow, W. E. 81, 103
Bender, H. 777, 785
Benedendijk, W. C. 332
Benedicks, Carl 289
Benesovsky, Friedrich 332(2), 333(2), 374(2), 376(3)

B

Benham, P. P. 256
Benker, Ludwig 704
Benkert, K. H. 493
Benkert, L. M. 691
Benkö, Andor 346
Bennedik, Kurt 848
Bennek, Hubert, 301, 682, 738
Benner, R. E. 764, 769, 770
Benner, S. V. 362
Bennet, E. W. 146
Bennett, D. G. 441
Bennett, F. C. 656
Bennett, G. E. 762
Bennett, John A. 445, 460, 461, 539, 752(2)
Bennett, Robert W. 612
Bennewitz, R. H. 652, 676, 782, 868
Benoit, A. 726
Bensch, E. 332, 585
Benscoter, Stanley U. 139, 140, 151, 187, 238, 245, 278, 499, 504, 801, 911, 913(2), 914
Bensinger, W. D. 808, 810
Benson, L. E. 335
Bent, A. J. 938
Bentele, M. 826
Benthem, J. P. 169(2), 292, 479, 631, 642, 911, 913
Bentley, G. P. 811
Bentz, W. 756
Benz, W. G. 549, 596, 598
Benz, W. 641
Bereuter, R. O. 230, 244
v. Berg 266
Berg, R. Jörn 850, 851
Van den Berg, R. V. 437
Berg, Siegfried 89, 100, 467, 494, 514, 518, 526(2), 533, 536, 735, 736, 746, 759(2), 761, 836
Berg, T. G. Owe 277
van den Berge, J. 439
Bergen, W. B. 923
Berger, A. 815
Berger, E. R. 206, 209, 210, 481, 506
Berger, Franz 513
Berger, Fr. 853
Berger, G. W. 567
Berger, K. 386(2), 426(2), 616(2), 771
Berger, L. 832
Berger, Morris J. 370
Berger, R. 109
Bergere, J. 586(2)
Bergeron 224
Bergeron, G. 620
Bergfeld, Ernst 972
Bergh, H. 926
Bergh, S. 321
Bergholm, A. O. 591
Bergman, Sten A. G. 175, 226, 489(2), 505
Bergmann, Elmer C. 208
Bergmann, E. 681
Bergmann, G. 642, 759, 808
Bergmann, Ludwig 100, 755
Bergmann, Stefan 173, 178
Bergmann, Walter 466, 474, 499, 503, 506, 760, 881, 884(8)
Bergqvist 178
Bergsman, E. B. 750
Bergsträßer, M. 589
Bergström, Sven G. 475, 509
Berkey, William E. 717
Berlin, D. R. 905, 951
Berman, J. H. 926
Berman, Sidney D. 900, 941
Berndt, E. 842
Bernharat, E. C. 405
Bernhard, Heinz 821, 836
Bernhard, J. M. 804, 956
Bernhard, Rudolf 485
Bernhard, R. K. 972
Bernhardt, J. E. 395, 641
Bernier, André, 875
Bernstein, Harold 352, 353
Berny, M. 343
Berry, J. M. 344, 349, 454, 460
Berry, R. P. L. 366
Berry, W. R. 575, 576
Berthaume, M. 916
Berthelier, J. 325
Berthier, M. 531
Berthold, C. 691
Berthold, Hermann 422, 713
Berthold, Rudolf 748, 751
Bertram, E. 655
Bertschinger, R. 327
Beskin, Leon 243
Besnard, M. 796
Besseling, J. F. 168, 193, 291, 477, 501, 912
Best, G. C. 475
Best, Gilbert C. 926
Bestehorn, Rudolf 570
Beteille, P. 70
Beth, R. A. 483
Bethel, James 391
Bethge, K. 853
Bethmann, Hugo 113
Betteridge, W. 336(2), 350
Bettess, F. 158

Bettler, H. 794
Beuse, Hans 757, 758
Beuter, W. 893
Bever, M. B. 733
Beyer, A. 729
Beyer, E. 979
Beyer, Kurt 69, 70, 75
Beyer, Waldemar 416
Białkowski, L. S. 939(2)
Bibber, L. C. 311, 313
Bibee, A. A. 314
Bickerdike, R. L. 353, 359, 360, 361
Bickley, W. G. 527
Bidard, René 104
Bidmead, G. F. 333
Biechteler, C. 928
Bieck, Hans 494
Biegler, Hans 81, 304, 530
Biehler, G. 850
Bieligk, Otto 974
Biener, J. 671
Bienert, Gerhard 225, 249
Bierett, Georg 332, 469, 525, 531, 589, 593, 594(2), 605, 606, 607, 633, 639, 652, 682, 790, 985
Biermann, David 946
Biermann, W. 146, 164, 923
Biezeno, C. B. 75, 77, 78, 105, 244, 246, 288, 475, 481, 486, 514, 835, 902(2)
Biffignandi, U. 791
Bigelow, M. H. 86 (2)
Biggs, J. M. 510
Bihet, O. 319
Bihlmaier, Carl 739
Bijlaard, P. P. 143, 147, 164(3), 166(3), 167(3), 168(2), 171, 172(2), 181, 182, 183(3), 184, 185, 193, 212, 219, 224(2), 225, 230, 241, 248(3), 287, 290, 297, 469, 471(3), 474, 475, 476, 477, 481, 482(2), 484(2), 489, 499, 510, 526, 627, 784, 786, 841, 972(2), 973
Bikerman, J. J. 614
Bilharz, Herbert 930
Billewicz, W. 905, 906
Billig, 223, 232
Billigmann, J. 96, 659
Billing 916
Billion, E. 925, 929
Binder, E. 265
Binder, R. C. 943
Binder, W. O. 311, 322, 323, 374
Binger, W. W. 551(2), 796
Binkhorst, I. 195, 196, 234, 472, 521
Binnis, A. M. 248
Binstead, W. V. 698, 700, 708
Biot, M. A. 139, 812(2), 909, 946(2)
Bird, F. W. R. 935
Birdsall, G. W. 661, 705, 707
Birett, W. 723
Birkenmaier, M. 962
Birkitt, C. H. 417
Birkle, Hans 647
Birnbaum, Walter 275, 919(2)
Biró, Antal 401
Bischof, Friedrich 597(2)
Bischof, Wilhelm 298, 303(2)
Bischoff, E. 893
Bishop, C. R. 548
Bishop, E. 687
Bishop, H. F. 329(2)
Bishop, J. F. W. 670
Bishop, R. E. D. 275(2), 280(2), 283, 516
Bishop, S. M. 363, 538(2)
Bishop, T. 625
Biskeborn, H. W. 831
Bisplinghoff, R. L. 139, 911
Bissett, J. C. 760
Bisson, Edmond E. 815(2)
Bittner, Ernst 973
Bittner, E. T. 308, 574
Bittner, Joachim 387(2), 389(2), 390, 394(2)
Bitzer, H. 676
Bjorksten, Johan 416
Bjursten, G. G. 636
Black, A. 334
Black, D. H. 910
Black, John M. 429, 431(3), 716
Black, Paul H. 93, 104
Blackman, B. 669
Blade, J. C. 559
Blaess, V. 276
Blair, G. W. Scott 289
Blair, J. S. 770, 837
Blair, R. W. 582
Blaise, H. 576
Blaise, P. 500
Blanc, G. M. 678
Blanchot, Jean 873, 958, 969
Bland, Jay 599, 696
Blane, James 442
Blankenstein, K. 94
Blasberg, Friedrich 585
Blaser, R. U. 454, 760
Blasi, W. 955
Blasius, Heinrich 919
Blatherwick, A. A. 462
Bleakney, William M. 906, 923

B

Blechschmidt, E. 276
Bleich, Friedrich 70(2), 89, 115, 116, 150, 153, 160, 282, 468, 469, 470, 487, 497, 972
Bleich, Hans H. 145, 160, 235, 280, 284(4), 469, 470, 487, 497, 517, 972
Bleicher, Waldemar 337, 551, 567, 601, 692, 781, 791, 793, 794, 845(3), 846, 848, 849(2), 855, 864, 867, 868, 869, 870, 878(2), 880, 955, 959, 980
Blenk, Hermann, 135, 919(4), 928(2)
Blenshaw, W. J. 225
Bleton, J. 754
Blew, J. Oscar 388, 439, 440(3)
Blick, Wilhelm 163, 972
van den Blink, W. P. 680
Blinkhorn, J. W. 938(2), 939
Bloch, E. A. 955
Blocher, J. M. 364
Block, E. H. 363
Block, E. R. jr. 366
Blohm, Ernst 600, 697, 705(2), 706, 707
Blok, H. 587
Blom, A. V. 88
Blomquist, R. F. 391, 423, 424 427, 428, 429, 431(3), 614, 621, 623, 716
Blondel, A. 754
Bloom, F. Kenneth 323
Blum, H. 110
Blum, William 548
Blumenthal, Otto 470
Blumer, A. F. 562
Blumrich, S. 161, 178, 231, 241(2), 246(2), 691
Bly, James H. 754
Blyth, R. H. 775
Boam, William M. 689, 707
Bobalek, E. G. 434
Bobek, Karl 93, 104, 604, 782, 807
Bobeth, W. 415
Boboc, R. 818
Bobrowsky, A. R. 441, 821, 822
Boccius, W. 909, 941
Boccon-Gibod, R. 521, 589
Bock, E. 132, 639
Bock, Eugen 389, 416, 425, 617, 625, 626, 712, 744
Bock, Guenther 285, 897
Bockelmann, H. 836
Bode, A. 855
Boden, A. 570, 644
Boden, F. 852(2)
Boden, H. 487, 504
Bodenbender, H. G. 87
Bodenschatz, A. 574
Bodet, Pol 904, 914(2)
Boeckh 940
Boedeker, Elisabeth 272, 810, 845, 961
Böer, K. 959
Boegehold, A. L. 435, 749, 869
Böhden, H. 783, 791
Böhm, Ernst 459
Boehm, Robert M. 398, 798
Böhnisch, Hans 433
Böhringer, Hans 433(2), 775
Böklen, Rudolf 493
Bölcskei, E. 257, 980
Boelk, G. 520, 921, 924
Boenisch, Edith 354
Boericke, F. S. 373
Boerner, Franz 69, 113
Börner, H. 648, 968, 972
Börner, Heinrich 979
Börnsen, H. A. 865
Böschel, E. 436, 540, 543, 544(7), 723(2), 773
Bogaievsky, M. 624, 635, 943
Böttcher, Kurt 486, 962
Bogan, B. W. 819
Bogardus, K. O. 338
Bogdanoff, J. L. 275
Bogner, W. 864
Bogunović, V. 193
Bohn 273
Bohnsack, H. 877(2)
Bohny, F. 709, 972(3)
Boie, C. 416, 897
Boisseaux, M. 110
Le Boiteaux, H. 409
Boitem, R. G. 763
Bokma 420
Bolas, T. 99
Bole, George A. 376
Boley, Bruno A. 157, 172, 175, 186, 229, 245, 252(2), 253(7), 255, 493, 501, 517(2), 522, 739
Boll, M. 115
Bollay, W. 923
Bollenrath, Franz 173(2), 298, 306(2), 308, 317, 333, 335(2), 349(2), 352, 356, 414, 443, 444(3), 450(2), 451(4), 458, 459, 519, 520, 525(4), 526, 527(2), 536(2), 544, 545, 557, 562(2), 563, 570, 571, 581(2), 593, 595, 600(2), 601, 605(4), 609, 646, 675, 679, 681(2), 682, 692, 734, 751(5), 761, 771, 773, 778, 809(2), 810, 811(2), 812, 820(3), 947, 948
Boller, Kenneth H. 182(6), 183, 184, 185(2), 385, 414(2), 415, 416, 464, 801
Bollinger, Jakob 549, 700

Bollinger, Otto E. 70, 152
Bolsover, G. R. 826
Bolton, A. 159
Bolton, J. W. 326
Bolz, G 831
Bolz, L. H. 440
Bolz, Roger W. 651, 653
Bomberger, H. B. 369(3)
Bonatz, Peter 505
Bond, W. R. 979
Bondy, Otto 790(2), 844, 967, 975
Bonenberger, Siegfried 566, 965
v. Bonin-Ponitz, H. O. 380
Bonnafe, Oliver W. 822
Bonneau, E. 917
Bonnell, William H. 759
Bonutto, A. L. 398
Boon, J. W. 553
Boone, Paul W. 336
Boonstra 419
Boor, F. H. 586
Boor, L. 404
v. Borbély, S. 921, 923
Borchard, K. H. 411
Borchers, H. 672
Bordelon, L. J. 901
Bordier, H. 70
Bordoni, P. G. 756
Borgeaud, M. G. 860
Borger, J. C. 673, 953
Borges, F. 767
Boring, R. W. 315, 324
Borkmann, Karl 137(2), 147(2), 148, 267, 276, 464, 469(3), 470, 471, 524(3), 629, 631, 642, 643(2), 644, 898, 904(4), 905(3), 915, 916(3), 920(6), 921(2), 922, 923, 931(2)
Born, Erhard 852, 853, 854, 856
Born, Joachim 70
Born, Kurt 689
Bornard, R. 693
Bornemann, K. 987
Bornscheuer, Eberhard 191
Bornscheuer, F. W. 189, 503(2)
Boros, P. 469
Borowicka, H. 205
Borsari, Palamede 197, 261
Bosch, F. 891
ten Bosch, M. 104, 564
Bosch, Robert 109
Bosdorf, L. 729
Bosholm, Erich 891
Boss, Gerard H. 601, 611, 696
Bosshard, H. 711
Bosshard, M. 545
Boston, D. C. 215
Boston, O. W. 97, 369
Boström, S. 86
Boswell, A. C. 901
Boswell, Isabelle 413
Bothmann, H. 710
Boting, P. G. 576
Botman, M. 193
Bouchart 853
Bouché, Ch. 107
Boughan, Rolla B. 188, 189
Boulanger, A. 513
Boulton, B. C. 735
Boumard, Bruno 819
Bounds, A, M. 361(2)
Bourbon, R. 730
Bourcier de Carbon, Ch. 938
Bourdon, M. W. 873
Bourguignon, J. 576
v. Boutteville, S. 258, 496
Bovet, Th. 581
Bowe, D. D. 948
Bowen, I. G. 529, 628
Bowen, K. W. J. 314
Bowers, E. H. 943
Bowey, G. S. 950(2)
Bowman, D. E. 609
Bowman, Harry Lake 74, 114(2)
Bowyer, E. C. 736
Box, W. A. 531
Boxler, Bruno 108(2)
Boyd, Evelyn 483
Boyd, G. Murray 305, 589, 592, 781
Boyd, J. 583(2), 584
Boyd, J. E. 78
Boyd, L. L. 636
Boyd, M. L. 725
Boyd, R. J. 637
Boyd, W. N. 640
Boyer, M. H. 552, 553
Boyer, W. C. 157
Boykin, C. R. 887
Boylan, James A. 556
de Boysson, A. 934
de Boysson, L. 848
Braak, W. 658
Brace, A. W. 347, 569, 631(2), 710, 711
Brace, P. H. 360(2), 361
Brackett, C. L. 571
Bradbury, C. H. 105
Bradbury, E. J. 542, 549
Bradfield, K. N. E. 508
Bradford, C. I. 360, 363
Bradley, D. C. 376, 777, 868
Bradley, H. 97

B

Bradley, J. 449
Bradley, Kathryn H. 797, 949
Bradman, W. A. G. 730
Bradshaw, F. J. 442, 823, 827
Bradstreet, B. J. 323, 688
Brady, B. 831
Brady, G. S. 79
Bragg, Lawrence 294
Braham, W. E. 798
Brahn, O. K. 862
Braidwood, W. W. 328
Braithwaite, C. 555
Braithwaite, R. G. 612, 677, 976
Brajnikoff, B. J. 830
Bramley, R. 683
Brandenberger, Ernst 79, 610, 751(2)
Brandenberger, Heinrich 288(3), 291, 445
Brandenburger, Kurt 85, 102, 103
Brandestini, A. 962
Brandis, J. 692
Brandt, F. L. 684
Brandts, Th. G. 422, 425, 617
Braudorn, K. H. 418(2)
Brauer, Heinz 648, 791, 867
Braun, Albert 987
Braun, A. 737
Braun, E. 285
Braun, Franz 979
Braun, H. 542
Braun, M. P. 308
Braun, Otto 145, 154
Braun, Paul, 152, 158
Braun, Winfried 760
Brauneis, Felix 958
Braunfisch, Joh. 781
Brauns, E. 553
Brazier, L. G. 223
Brecht, W. 812
Bredner, R. 763
Bregman, Adolph 100, 720
Breitfeld, Helmut 757, 758
Bremer, Gene 986
Bremi, Th. 804
Brennan, J. B, 298, 513
Brennecke, M. W. 630, 633
Brenner, A. 436
Brenner, Erwin 565
Brenner, H. S. 366
Brenner, Paul 293, 334, 335(4), 336, 338, 341(3), 342(3), 343, 346, 377(2), 459, 460, 518, 540(2), 544, 545(3), 546, 548, 550, 557(2), 560, 600, 603, 620, 621, 629, 652, 698, 751, 782(2), 793, 858, 888(2), 895, 898(2), 967
Brenner, W. G. 835
Bressmann, Josef R. 441
Bretol, R. N. 942
Breuer, D. W. 495
Breuer, M. 862
Breuer, Waldemar 313
Breuers, W. 421
Breunich, T. R. 747
Breuninger, E. 708
Breves, M. 908
Brew, W. R. 389, 425
Brewer, G. 582, 879
Brick, H. 252
Brick, R. M. 305
Bridgewater, M. 347, 794, 959
Bridgman, P. W. 295
Brielmaier, A. A. 151
Brielmaier, Hugo 735
Brierly, F. St. M. 894
Briese, W. 557, 728
Briggs, Charles Willers 81
Briggs, J. Z. 81
Brillié, J. 680
Brillié, M. 677
Brillouin, J. 272
Brilmyer, Harold G. 200, 260(2), 261, 503(2), 504, 571, 647
Brimelow, E. I. 320, 961
Brinck, Arne 792, 845, 854, 861, 875, 876, 885, 889
Bringewald, A. 952
Brinkmann, C. 411, 412, 413
Brisack, A. G. 582
Bristow, J. S. 313
Britten, K. H. V. 183
Britten, S. C. 433, 774
Broadbent, E. G. 759, 772, 908, 917, 918, 927
Broadfield, E. R. 331, 332
Brocard, Jean 900, 948
Brock, G. R. 638
Brock, J. E. 273
Brock, J. S. 491, 531
Brockmann, E. F. 981
Brockmöller, Fritz 416
Le Brocq, L. F. 548, 555, 724(2)
Broda, E. 969
Brode, K. 815
Brodeau, A. 279, 403, 419
Brodie, J. P. L. 817
Broding, William C. 621
Brodtmann, Edgar 432, 433
van den Broek, J. A. 70, 89, 103, 294, 466(2), 473, 475, 629
Broese van Groenon, H. 439

Broglio, Luigi 238, 256
Brokaw, M. P. 384, 932
Bromley, Stevens 902
Broockmann, K. 987
Brooke, E. Raymond 588
Brooker, H. R. 705
Brooking, Walter J. 104
Brooks, D. 369
Brooks, H. 596, 601, 607
Brooks, H. E. 446
Brooks, M. E. 653
Brooks, William A. jr. 262, 351, 479, 913
Brooksbank, F. 783, 968
Brophy, C. A. 369
Brophy, G. R. 298
Broquet, P. 754
Broschat, E. 108
Brosenius, H. 615, 636
Brossmann, M. W. 344
Brotherton, W. P. 949, 953
Brotzen, F. R. 369
Broughton, D. C. 490
Brousse, P. 500
Brown, A. F. 337
Brown, A. F. C. 308, 533, 767, 768(2)
Brown, D. 923
Brown, D. C. 954
Brown, D. I. 312, 361, 363
Brown, D. P. 688
Brown, D. W. 412, 580
Brown, E. J. 653, 683, 836
Brown, E. H. 227
Brown, F. L. 439
Brown, H. 103, 778
Brown, H. P. 83
Brown, J. 747
Brown, J. G. H. 952
Brown, J. M. B. 385
Brown, J. S. 814
Brown, LaVerne W. 914
Brown, N. 302
Brown, Reginald 565
Brown, R. H. 551(2), 792
Brown, R. J. 662
Brown, R. S. 565
Brown, T. W. F. 828
Brown, Vernon 899
Brown, W. F. 167, 313, 529, 531, 533(2), 596, 611, 667
Brownback, H. L. 949
Browne, F. L. 730(2)
Browne, K. A. 944(2)
Bruce, H. D. 388, 427, 624
Bruce, V. G. 479
Bruce, W. E. 83
Bruckner, Walter H. 300
Bruder, Eduard 519(2), 520(2), 535(2), 867, 869
Brückner, Kurt 116
Brueggemann, William C. 188, 460(2), 523, 536(2), 569, 590, 592, 627(2), 630
Brüggemann, H. 88
Brüggemann, Theo 670
Brügger, W. 715
Brühl, F. W, 302
Brümmer, R. 878
Brüning, Helmut 719
Brünn, E. 663
Brueser, Kurt 604, 613, 882(2)
Brugger, H. 589
Bruhl, F. 299
Bruhn, Elmer F. 239
Bruins, D. H. 109
Bruner, G. 900, 952
Brunhuber, Ernst 82, 95, 341
Brunn, G. 380
Brunnckow, W. 659
Brunnder, J. 976
Brunner, H. 390, 391
Brunner, J. 473, 474, 972
Brunner, P. 606
Bruno, C. 706
Brunot, A. W. 456
Brunst, Walter 93, 97, 652, 681
Brush, D. O. 510, 512
de Bruyne, N. A. 87, 180, 271, 426(2), 428, 430, 614, 619(3), 621, 622, 624, 626, 716, 745, 899, 900, 931
Bryan, D. F. 914
Bryan, J. 439
Bryan, J. M. 548
Bryant, S. A. 429
Brynhildsen, Hans Olav 402
Bryon, C. W. 72
Bryson, H. Courtney 430
Bub, H. 984
Buchan, S. 94
Buchenau, H. 114
Bucher, J. B. 826
Buchert, Kenneth P. 167, 909
Buchholtz, Herbert 306, 449, 487, 599, 604, 632, 685, 886
Buchholz, H. 70, 443, 561
Buchholz, J. Leonhard 881
Buchmann, G. 754
Buchmann, S. 986
Buchmann, Walter 287, 355, 404, 407(3), 442, 443, 449, 458(2), 462(2), 518(2), 534(2), 540, 570(2)

B

Buchner, H. 450
Buchwalter, R. L. 489
Buck, John A. 408
Buck, P. 985
Buckeley, A. 345, 793
Buckingham, E. 869
Buckle, H. 722
Buckle, K. L. 826
Bucklin, A. G. 309
Buckmiller, G. 813, 944
Bucknall, E. H. 308
Buckwalter, John C. 241
Budd, R. T. 762
Budgen, N. F. 82(2)
Budianski, Bernard 167, 171, 174(3), 189, 194, 281, 283, 288, 474, 499, 517, 918
Budinsky, Ferdinand 522
Buechel, J. C. 824
Büchsen, W. 655
Bücken, Curt 818, 882
Bückle, Helmut 730(2), 750(2)
Bühler, A. J. 148
Bühler, Hans 235, 299(2), 310, 324, 443(3), 454, 487, 562(2), 592, 609, 635, 658, 660, 733(3), 760, 763(2)
Buell, E. I. 167
Bültmann, Wilhelm 155(2), 163, 472, 473, 476, 477
Bürger, Hermann 110, 873, 879
Bürgle, W. 962
Bürnheim, Hermann 463(2), 520, 524, 536(2), 567, 578, 583, 633, 634(2), 635, 797, 853
Büttemeyer, F. 976
Büttner, B. 587
Büttner, G. 746
Buffum, D. C. 305, 311, 314
Buir, N. B. 346
Buist, J. M. 713
Buker, C. B. 771
Bukowiecki, A. 543, 547, 557
Bulian, Walter 82, 602, 611, 694, 695, 792
Bull, F. B. 134, 762, 889
Bull, H. 321
Bulleid, O. V. 854
Bullens, D. K. 81
Bullock, R. J. 363
Bundy, Robert W. 462
Bungardt, Karl 312, 314(2), 315, 316, 321(2), 322, 323, 341, 355(3), 457(3), 458, 480, 544(2), 554, 562, 563, 691
Bungardt, Walter 293, 306(3), 317, 335(2), 336, 342(2), 344, 345, 450, 459, 460(2), 535, 545(2), 546, 555, 557, 558(7), 559, 562, 600, 675, 691(3), 722, 773, 820(3), 947, 948
Bunge, Gerhard 758
Bunje, A. 884
Bunn, Edward S. 338
Bunn, Wm. B. 753
Buray, Zoltan 631, 710(2), 978
Burch, Donald C. 708
Burchard, W. 187, 193
Burckhardt, Arthur 658
Burdick, M. D. 441
v. Burg, E. 350, 573, 628, 662, 672, 984
Burger, F. E. 936, 938
Burgerhout, T. J. 190, 194, 196
Burgess, C. P. 903
Burgess, Charles O. 734
Burgess, N. 821, 823
Burgess, P. 423
Burgreen, D. 279
Burkart, W. 673, 721
Burke, A. E. 584
Burke, J. L. 536
Burke, John J. 373
Burke, Walter F. 153, 254, 507
Burkhardt 613, 705
Burkhardt, A. 816
Burkhardt, H. 936
Burma, M. S. 892, 896
Burmeister, H. 83
Burmeister, Hans 376
Burnard, L. G. 950
Burnett, H. C. 576
Burnett, J. R. 943
Burow, H. 138, 772, 928
Burr 693
Burr, A. H. 515
Burr, H. K. 403, 412
Burr, J. P. 331
Burri, Oskar 969
Burridge, J. L. 621, 716
Burrows, W. R. 240(2)
Burton, C. A. 952
Burton, C. E. 879
Burton, Charles J. 754, 755
Burton, C. L. 880
Burton, H. H. 826
Burton, R. H. 745
Burton, Walter E. 86
Burwald, A. 545
Burwell, J. T. 583
Busby, C. C. 315
Busby, P. E. 305

v. Busch, H. 68, 113
Busch, J. 867
Busch, L. S. 360
Buschmann, E. 738
Buschmann, Heinrich 110, 877
Buschmann, Rolf 510
Bushell, R. 698
Buske, Alfred 579, 580(2), 583, 585(2), 819
Buske, Franz, 144
Buss, K. 830
Busse, F. 687
Bussemer, H. 983
Bussenius, Fr. 265
Bussien, R. 110
Bußmann, K. H. 449, 520, 535(2), 537
Buswell, R. W. A. 374, 375, 826
Butler, H. E. J. 97
Butler, J. L. 626
Butter, Karl 709(2)
Butter, Otto 709, 907, 951
Butterworth, J. 70
Butterworth, W. 865(2)
Buxbaum, R. S. 414
Buxton, G. H. 929
Buzzard, R. W. 299
Byrne, B. R. 849
Byrne, Ralph Edward jr. 223, 232, 234

Cabane, G. 345
Cabarat, R. 373
Cabelka 302
Cadambe, V. 207, 502
Cadilhac, A. 739
Cady, G. L. 396
Caffyn, J. E. 289
Cahen, G. 891, 917
Caillette, G. 694
Caillon, M. 82, 779
Calais, René 817, 875, 880
Caldwell, J. B. 216
Caldwell, F. W. 945(2)
Calish, S. R. 584
Callomon, I. G. 406
Calvet, J. 349, 655
Cambilargiu, E. 259(3), 503(2)
Cambourelis, P. J. 369
Cameron, T. B. 546, 558, 602
Cameron, J. 818
Cametti, B. 825
Caminade, Gustave 792
van den Camp, H. W. H. 960
Campbell, Hallock C. 599, 687
Campbell, I. A. 722
Campbell, I. E. 360, 442, 824
Campbell, James S. 95, 96
Campbell, John B. 415, 434, 442, 737 841
Campbell, J. D. 305, 517
Campbell, W. G. 378, 429
Campbell, William R. 516, 761
Campion, A. 330
Campredon, J. 84, 378, 382, 384, 428, 638
Canac, F. 774
Canchetier, J. 731
Canesi, G. 548
van Capellen, J. H. 817
Capildeo, R. 506
Capozzoli, L. J. 172
Carew, W. F. 366
Carey, R. H. 417
Carlin, B. 611
Carlson, C. E. 248, 762
Carlson, H. C. R. 574
Carlson, P. G. 825
Carlson, R. 750
Carlson, R. L. 350
Carlson, Russel M. 269
Carlson, T. A. 379
Carlsson, O. 327
Carneiro, A. Eduardo 385
Carnier, Henry, 338, 656
Caroselli, H. 815
Carpenter, O. R. 683
Carpenter, J. E. 763
Carpenter, Samuel T. 114
Carpentier, J. 918
Carr, A. L. 329(2)
Carr, D. R. 438
Carr, F. L. 305, 314
Carrano, S. A. 721
Carreker, R. P. 452
Carreyette, J. F. 989
Carrier, George Francis 206, 216, 227(2), 278, 530
Carrington, E. 95, 653
Carrington, H. 379
Carrington, W. E. 296
Carroll, D. I. 951
Carruthers, J. F. S. 423(2)
Carruthers, T. G. 374, 826
Carson, W. G. 414
Carswell, T. S. 85, 404, 406
Carter, A. 376
Carter, B. C. 811, 818, 943, 945(2), 946
Carter, J. J. 350, 461
Carter, J. L. 640

C

Carter, Roy 391
Carter, W. J. 500
Carty, C. 977, 978
Carver, D. R. 233
Carwile, N. L. 305
Casamassa, Jack V. 105
Case, James W. 416
Case, S. L. 454
Caspari, W. 735, 987
Casper, H. 972
Cassens, J. 139, 470, 488, 508(2), 509(2), 627, 987(2)
Cassie, W. F. 70, 499
Castaing, H. 947
Castell, W. F. 728(2)
Castle, A. W. 728
Castleman, L. S. 312
Cataldi, Horace A. 774
Catchpole, E. J. 191
Ten Cate, W. 763
Catlin, Franklin 775
Catlin, J. P. 360, 369
Caudill, D. C. 404, 405
Caughey, R. H. 376
Cavallaro, Léo 541
Cavvelli, G. 735
Cazaud, R. 88(2), 445, 446, 454
Cazier, Alan T. 968
De Cecco, N. A. 366
Century, B. A. 624
Cerardini, C. 607, 634
Chabloz, E. 198, 214
Chadvick, R. 332, 346
Chadwick, J. D. 700
Chadwick, R. 331, 336, 851
Chagette, J. 110
Chaillé, L. H. 879
Chailloux 334
Chamberland, H. J. 672, 673
Chambers, Harold B. 294, 445
Chambers, H. H. 798
Champion, F. A. 100, 436, 437, 547(2), 561, 773
Chance, A. B. 833
Chandler, H. C. 796
Chandley, George D. 656
Chang, C. C. 172
Chang, C,-T. 493
Chang, F. K. 956
Chang, Fo-Van 209
Chang, Hsing C. 337, 351
Channon, S. L. 603
Chapin, Henry J. 689
Chaplin, R. 826
Chapman, G. D. 703
Chapman, J. C. 261, 262, 494, 760
Chapman, R. D. 455
Chapman, R. G. 181, 182, 908
Chapoulie, Pierre 565
Chard, J. E. 697
Charity, Frank 667, 797
Charlton, J. 428
Charlton, T. M. 514
Charon, P. 70
Charriou, André 418
Chartet, M. 850
Chartron, M. 659
Chase, G. A. 842
Chase, Herbert 359, 653
Chase, Sp. 907
Chatfield, C. H. 105, 111, 708
Chatterjea, A. B. 723
Chaudhuri, P. K. B. 425
Chavy, Raymond 328(2), 329
Chawla, J. P. 477
Chelvarajan, B. K. 385
Chen, P. C. 362, 368
Chen, Yian-Nian 287
Chenea, Paul F. 78, 206
Cheney, D. R. 837
Cheng, Che-Min 503
Chang, Y. C. 552
Cherniak, G. S. 836
Chesters, W. T. 588
Chevigny, M. R. 366
Chevigny, R. 349, 458, 668(2)
Chevrier, A. 881, 892, 895, 896
Chiarito, Patrick T. 195, 230, 260(4)
Chien, Wei-Zang 213, 247, 258, 498
Chilcote, Joseph H. 441
Child, H. C. 740
Childs, W. J. 591, 596, 675, 683, 684
Chilver, A. H. 484(3), 486, 914
Ching, Kuang-Sheng 255, 474
Chisholm, A. J. 672
Chitty, Letitia 231, 234, 243
Chmelka, Fritz 629, 648
Chollar, R. G. 844
Chomusko, F. A. 689
Chopin, S. 918(2)
Choquet, Andre 610(3)
Chow, C. C. 540
Chrenow, K. K. 678, 687, 733
Christensen, I. G. 428, 434
Christenson, A. L. 753
Christiansen, Vilh. 343, 542
Christiano, J. G. 493
Christians, G. 388
Christl, R. 957
Christopher, G. C. 600

Christopherson, D. G. 163, 515
Chu, Chen 500
Chubb, Walston jr. 770
Chudnoff, M. 665
Chung, R. 494
Chung, S. Y. 669
Church, F. L. 807, 831, 874
Churchill, Harry D. 94, 102
Churchill, S. C. 706
Chwalla, Ernst 144 153, 154(4), 155(2), 185, 187, 193(2), 196, 237, 279, 468, 469(2), 480, 482, 487, 488, 507(5), 508, 510
Chyle, J. J. 366
Ciancia-Ailis 849
Ciani, G. 987
Cicala, Placido 168, 172, 226, 231, 236, 483, 487, 569, 906, 910, 921, 922, 932, 943
Cichocki, Felix 978
Ciesielski, Hubert 981
Cirilo, Adam J. 239
Cissel, James H. 114
Claflin, W. N. 937
Clapson, W. J. 417
Clar, F. 854, 863
Clark, C. C. 827
Clark, C. L. 314, 415, 319, 375
Clark, D. A. R. 70
Clark, Donald S. 293, 348, 513, 514, 740(2)
Clark, E. J. 591
Clark, F. 613
Clark, Frances Hurd 79
Clark, G. L. 797
Clark, H. T. 369
Clark, James G. 91, 977, 978
Clark, J. W. 245, 510(2), 511
Clark, M. E. 382(2), 492
Clark, R. A. 235, 247, 249
Clark, V. E. 417
Clarke, J. J. 712
Clarke, N. W. B. 566
Clarke, P. C. 574
Clarke, S. G. 556
Clarke, W. 331
Clarke, W. C. jr. 322
Clarke, W. J. 408
Clarridge, R. E. 942
Clas, Gerhard 330
Clason, Clyde B. 967
Class, Immanuel 315, 561, 841
Clauder, H. R. 582
Claus, J. 970
Clausen, F. M. jr. 252
Clauser, H. R. 296, 705, 807
Claussen, G. E. 98
Clautice, W. E. 776
Clayton, W. C. 936
Clayton, W. J. 423
Cleaves, H. E. 299
Cledwyn-Davies, Denys N. 456
Cleff, Theo 605, 633, 845, 867(2), 875
Clément, M. A. 692
Clements, R. 716
Clenshaw, S. J. 459
Clenshaw, W. J. 454, 457, 769
Clerc, D. 624, 635, 927, 943
Clermont, L. P. 396, 400
Clessens, L. 862
Cleyet-Michaud, M. 110
Cliett, Charles B. 461, 532, 539
Clock, L. S. 90, 298, 521, 530, 537
Cloninger, Avery M. 401
Close, Gilbert C. 337, 441, 660, 661, 668(3), 782, 792, 825
Clough, R. W. 501
Clurman, S. P. 575
Coan, J. M. 172, 739
Coates, B. 574
Cobb, J. R. jr. 363
Cochrane, John D. 798
Cockrell, W. S. 363
Coe, B. 626
Coenen, Francis L. 661, 670, 671
Coenen, M. 109
Coffin, L. F. jr. 234, 456, 836
Cohen, H. 105
Cohen, H. 792
Cohen, H. M. 344(3)
Cohen, V. 409
Coheur, P. 312
Cohn, Charles C. 721
Coiffard, J. 968, 984
Coiley, G. M. 914
Colbeck, E. W. 319, 320
Colbus, Jakob 613(2), 689, 708
Cole, H. G. 436(2), 548, 555, 724
Cole, J. H. 697
Colegate, G. T. 311, 435, 436, 547, 548, 733, 773
Coleman, E. P. 229, 522
Coleman, Robert P. 282, 915
Coleman, W. S. jr. 456
Colin, E. C. jr. 498
Colin, R. P. 85(2)
Collar, A. R. 281, 908, 915, 921, 927, 928, 930, 945
Collari, Nello 304, 314
Collatz, L. 274, 811

C

Collaud, Albert 331
Collins, J. F. 688
Collins, John H. jr. 815
Collins, S. C. 304
Collins, W. Leighton 70, 79, 331, 457
Collinson, E. G. 938
Collinson, H. A. 394, 430
Collinsworth, E. T. jr. 541
Colner, William H. 362, 363, 560
Colombier, H. 873
Colombo, R. 882
Colwell, A. T. 821(2), 822
Colwell, D. L. 353
Colwell, L. V. 366
Combs, Henry 255
Compton, K. G. 434
Comstock, George F. 309(2), 323, 547
Le Comte, H. 677, 869
Conant, F. S. 746
v. Concady, Horst 683, 781
Congreve, W. K. A. 290
Conklin, F. M. 574
Connelly, H. H. 440, 716
Connert, Winfried 298, 528
Connolly, J. V. 953
Connor, R. W. 174(3), 194
Conrad, R. W. 571
Conradt, H. 581
Conroy, M. F. 516
Constant, Hyne 105, 930, 945
Conte, S. D. 202
Contini, Roberto 487, 568
Conway, C. G. 251
Conway, H. D. 89, 111, 172, 198, 204, 211, 213(3), 219, 220, 221, 222, 283, 490, 492
Conway, H. G. 661, 936, 937, 938
Cook, E. V. 434, 729
Cook, F. G. R. 470, 935
Cook, Francis E. 939
Cook, Harry C. 607(2), 679, 689
Cook, L. A. 603
Cok, Maurice 333, 346, 366
Cook, W. J. 574
Cooke, R. L. 891
Cools, J. 624
Coombs, A. G. H. 447, 455
Cooper, A. L. 366
Cooper, D. H. D. 286
Cooper, Herbert J. 653
Cooper, H. L. 513
Cooper, H. W. 361
Copestake, W. G. 877
Copson, H. R. 546, 556
Cor, P. 85
Corbetta, G. 818, 933, 940
Cordes, G. 947(2)
Corelli, R. M. 366, 429, 614
Corlett, E. C. B. 271, 886, 890, 891
Cormac, P. 808
Cornelius, Heinrich 132, 293(2), 296, 297(6), 303(2), 306(6), 307(6), 308, 317(2), 335, 444, 450, 451(4), 459(3), 519(2), 520, 523, 525(4), 536(2), 563(2), 564, 567, 568(3), 570, 571, 573(2), 590, 593(2), 594(2), 595(11), 600(2), 605(7), 642, 646, 675, 681(5), 682(5), 691, 747, 773, 809, 811(2), 820(3)
Cornelius, Wilhelm 217, 473, 500, 975
Cornell, D. H. 578
Cornell, R. W. 613
Cornell, Sidney 240
Cornet, I. 294, 344, 356, 467, 481, 510, 658
Cornillon, J. 357, 366, 798
Coron, P. 760
Corral, Joseph S. 669, 953
Corrick, Josephine N. 174, 221
Corrigan, J. J. 421
Corson, Michael G. 445
Corten, H. T. 300, 462, 492, 748
Cosandey, M. 970
Cosler, A. S. 672
DeCoste, J. B. 409
Costeraste, M. 568, 662
Cottell, G. A. 286
Cottingham, W. S. 179, 180(2), 197, 260, 268(2), 388, 618
Cottrell, A. H. 290, 682
Cottrell, C. L. M. 314, 316(2), 597, 612, 685(2), 688, 689(2), 690
Cottrell, S. A. 343
Couch, H. H. 945
Coudray, R. 739
Coughlin, V. L. 366(2), 369
Coughlin, William J. 415
Cound, T. E. 375
Countryman, David 962
Coupry, G. 773
Courbon, J. 115
Coursew 308
Courtemanche, E. O. 684
Cousins, F. W. 767
Coustolle, J. 906
Covington, G. A. 700
Cowan, A. 656
Coward, Ken S. 940
Cowart, K. K. 688
Cowling, J. E. 437
Cox, D. R. 592

Cox, E. S. 860
Cox, G. L. 328
Cox, H. A. 440
Cox, Hugh L. 164, 165, 166, 169, 170(2), 173(2), 185, 186, 187(2), 188, 191, 200, 225, 226, 229, 232, 243, 251(2), 281(2), 334, 345, 412, 455, 459, 471, 472, 477, 483, 490, 498, 522, 527(2), 785, 792, 800
Cox, H. Roxbee 105, 162, 247, 251, 904(2), 920
Cox, J. H. 781
Cox, R. J. 631
Cox, William J. 72, 90
Coxe, C. D. 613
Coxon, Wilfred Francis 739
Cozzone, F. P. 145
Cradwell, C. F. 824
Craemer, Hermann 146, 149, 150(2), 152, 210, 211, 215, 235, 262, 263, 492(2), 493, 737, 837
Craemer, K. 427
Crafts, Walter 81, 313
Craig, J. 882
Craighead, C. M. 97, 371
Cramer, Eugen 861, 862, 873
Cranch, R. C. 886
Crane, Edward V. 96, 661
Cranz, O. 957
Crate, Harold 194, 225, 239, 240, 245, 630, 633, 634
Crawford, A. E. 707(2)
Crawford, C. A. 309
Creasy, L. R. 961
Crede, Charles E. 77, 287, 514
Creech, M. D. 273
Cremer, G. D. 708, 803(2)
Crespi, S. 737
Crisp, J. D. C. 737
Crocker, E. C. 419
Crockett, H. B. 186
Croco, C. P. 684
van Crombrugge, R. 611, 759
Cromwell, F. J. 322
Cronfalt, R. 876
Cronin, M. J. J. 950
Croseck, Hans Henning 881
Croseck, Heinrich 844, 846(2), 850, 852, 854, 860, 861, 866, 875, 877
Cross, Hardy 149, 153
Cross, Howard C. 318, 319, 320, 344, 349, 352, 360, 448, 460, 654, 821
Cross, R. 949
Cross, R. H. 646
Crossland, B. 292
Crossley, F. Hamer 970
Croudhary, J. P. 211
Crouse, W. A. 404, 405
Crouse, William H. 105, 869
Crowe, J. H. 137
Crowther, J. 336, 337
Crowther, P. D. 682
Crum, J. P. 701
Crumbiegel, J. 527, 761, 808
Crussard, C. 347, 350(2)
Csizy, T. 832
Csonka, P. 158, 237, 492, 496
Cudhea, G. G. 907
Cueilleron, J. 363
Cuff, F. B. jr. 363
Cuff, G. 408(2)
Cuke, N. H. 683
Cullimore, M. S. G. 499, 500
Culmann, J. 740
Cumberland, C. H. 950(2)
Cummings, J. D. 408
Cummings, R. F. 821
Cummings, R. E. 821
Cunningham, C. W. 151
Cunningham, D. M. 667
Cunningham, H. J. 926
Cunningham, Jack B. 717
Cunningham, J. W. 679
Cuno, H. 674
Curran, R. M. 694
Currie, E. M. 586(2)
Curry, W. T. 384, 394
Curtis, Frank W. 613, 705, 706(2)
Cushing, R. K. 137
Cuss, J. F. 905
Cussons, R. C. 939
Cuthbertson, J. W. 348, 583
Cutshall, Chester S. 89
Cutts, C. E. 262
Cuykendall, T. R. 483
Czerevkov, A. P. 468(2)
Czerlinsky, E. 754(3)
Czitary, Eugen 113, 565, 955

Dadswell, H. E. 378
Dähnick, E. 852
Dätwyler, G. 924
Daeves, Karl 81, 321, 520, 540, 545, 567, 721, 722(2), 738, 841
La Dage, J. H. 111
Daguet, René 832
Dahl, Heinz 479, 981
Dahl, Otto, 340, 341
Dahl, Theodor 659

D

Dahmen, A. 737
Dale, A. C. 637
Dale, F. A. 181
Daley, Daniel M. jr. 370
Dall-Aglio, Bruno 157
Dallenbach, F. 823
Dalley, J. W. 280
Dallison, K. J. 256
Dallmeyer, G. 437
Dalmasso, A. 830
Dalton, L. K. 428(3), 430
Dambeck, A. 593
Damerow, Ernst 92, 100
Dammer, O. 704, 797
Damon, G. H. 545
Dana, A. W. 530, 540
Danes, F. S. 663, 683
Daniels, L. C. M. 775
Daniels, N. H. G. 362
Danielzig, H. 138
Dann, W. H. 896
Dannehl, Erich 870
Dannien, W. 142
Dantas de Carvalho, Edgar Luiz 750
Dantu, M. 168, 205, 210, 214, 248
D'Appolonia, D. 244
Darevsky, V. M. 139
Darling, R. F. 684, 685
Das, N. R. 616
Das, Sisir Chandra 203, 219, 532, 533, 540
Dašek, V. 145
Das Gupta, Sushil Chandra 249, 258, 279
Daskaloff, Iwan 384
Dassen, C. 495
Dassetto, G. 556, 832(2)
Dat, R. 918
Datten, W. 623
Daughady, H. 827
Daugherty, M. W. 816
Daum, W. 300
Davenport, W. W. 284
Davey, H. T. 88
Davidson, J. Brownlee 108
Davidson, J. F. 492, 493, 516, 517
Davidson, Milton 229(2)
Davidson, Per 609
Davies, Benjamin Lionel 85, 103
Davies, D. J. 976
Davies, D. M. 465
Davies, Graham 876(2)
Davies, G. F. 369
Davies, H. 259
Davies, J. K. 546
Davies, R. H. 781
Davies, R. M. 516, 739
Davis, E. F. 598
Davis, H. C. 554
Davis, L. W. 945
Davies, M. E. 817
Davis, Robert L 102, 103
Davison, Robert L. 967
Dawidow, J. P. 662
Dawihl 705
Dawley, E. R. 179, 197(2), 260(2), 268
Dawson, J. H. 746
Dawson, J. W. 325
Day, E. E. 763(2)
Day, G. F. 211, 220
Day, J. W. 210
Day, T. H. 948
Dayton, R. W. 92
Dean, Paul M. jr. 588
Dean, W. R. 220
Dean-Averns, R. 110
Debus, Friedrich 570(2), 639, 644, 645(2)
Décarpentries, M. 585
Decat, R. 411, 711
Decker, Hanns 334
Decker, Karl-Heinz 292
Decoste, J. B. 408
Dědič, O. 219
Deeming, A. G. 775
Deffet, L. 241
Degarmo, E. P. 890
Degen, F. 896
Degen, P. 676
Degenhardt 520
Degler, Howard E. 105(2)
DeGroat, George H. 654, 816, 822
Deharde, Ch. 808
Dehlinger, Ulrich 288, 292(2), 444(2)
Deichmüller, Fr. 747
Deisinger, W. 375, 740
DeJuhasz, Kalman J. 515
Delafontaine, R. 816
Delanghe, G. 809, 919
Delbart, Georges 298, 308, 314, 316, 319(2), 456
Deliere, M. 763
Della-Vedowa, R. 601, 694
Dellsart, G. 311
Dellus, P. 208
Del Mar, B. 880
Delmonte, John 87, 434, 731, 797, 799
Délorme, Jean 85
Delsuc, J. 285
Dembicky, Erich 494, 957

Demer, L. J. 312, 454, 509
DeMoney, F. W. 462
Denehy, D. R. 764
Dengler, M. A. 516(2)
Denis, Manley St. 513
Denke, P. H. 194
Denker, I. I. 662
Denkhaus, Günter 286, 571, 646
Denne, A. G. 719
Dennis, P. A. 925, 929
Denny, G. H. 374
Dent, Frederick R. jr. 793
Denz, E. 427, 620, 715
Derenbach, W. 418, 419, 420
Dernedde, Wolfgang 70, 150, 154
Dert, L. F. 891
Deschodt, J. 490
Desfarge, M. 873
Desfarges, M. P. 970
Desherault, J. J. 674
DeSmet, E. C. 874
Desmur, G. 108
Desoyer, D. 287
Dessecker, W. 923
Destival, P. 823
Destuynder, R. 918
Determann, H. 409
Detert, K. 341
Dettela, Hugo 656
Dettner, Heinz W. 82, 437
Detwiler, E. B. 430
Deuker, Ernst-August 232, 250
Deutler, H. 271, 487, 497(3), 525, 535, 765(2), 769, 810, 946
Deutsch, Ernst 478
Deutsch, G. C. 360, 514
Deutsch, G. D. 824
Deutschmann, H. 144
Dever, Frederick S. 675, 676
Deverall, L. I. 209, 215
Devereux, W. C. 794, 889, 961, 962(2), 967
Devereux, W. D. 965
Devillers, R. 588
Dewulf, N. 246
Deyarmond, A. 89
Dhamaney, C. P. 425
Dian, J. P. 334
Diaz, J. B. 499, 501
Dick, J. 276
Dick, J. N. 366
Dickie, R. J. 286
Dickins, B. J. 187
Dickinson, C. J. 211
Dickinson, F. E. 383
Dickinson, H. B. 192
Dickinson, Thomas A. 362, 435, 440, 656, 670(2), 708, 710, 722, 755, 802, 803, 869, 891
Dicksee, C. B. 105
Diede, G. 888, 892, 893
Diederich, Franklin W. 911
Diedrichs, Ludwig 160
Diehl, G. 622(2), 626
Diehl, H. A. 760
Diehl, Walter S. 941
Diem, K. 971, 984, 986
Dienst, H. 598
Diepschlag, E. 330, 594
Dies, Kurt 584
Diesler, W. 732
Diessl, O. 875, 879
Dieter, G. E. 447, 456, 462
Dietrich, G. 92
Dietrich, Otto 769
Dietrich, E. 936(2), 937
Dietterich, C. W. 626
Dietz, Albert G. H. 75, 84(2), 85(2), 87, 268, 270, 383, 388, 401, 402, 407, 409, 411, 416, 717
Dietz, Heinrich 74, 162
Dietz, O. 935(3), 940
Dietz, Wolf 421(2)
Dietze, F. 955
Dietze, Fritz 922, 923(3), 924(3), 928
Dietzmann, Alfred 492, 507
Digges, T. G. 298, 305
Digiglio, V. A. 696
Dijk, A. 147
Dike, K. C. 375, 376(2), 613, 708
Dikeman, H. G. 406(2)
Dilks, B. H. 375
Dill, D. G. 925, 929
Dilley, D. C. 613
Dimaggio, F. 235, 799
Dimitroff, René 275
Dimitrov, Nik. 159, 265, 511
Dimoff, Todor 748
Dimpker, A. 923, 924
Dingel, M. 924
Dinner, H. 298
Dinnik, A. 567
Dinsdale, C. 720
Dipper, Martin 660
Dirac, G. A. 948
Dirkes, William E. 429
Dirksen, B. 645
Discher, Fr. 641
Dischinger, Franz 145, 150, 155, 977
Diskin, Simon H. 199, 200, 260

D

Diwan, A. F. S. 157
Dix, E. H. jr. 336, 436
Dixmier, G. 403, 657
Dixon, Benton 779
Dixon, G. F. 983
Dixon, H. E. 599, 600, 603, 612, 677, 699, 701(3), 703
Dixon, L. A. 368
Doak, J. H. 706
Dobbelmann, T. A. H. M. 555
Dobberke, M. 388
Dober, E. 744
Dobie, W. B. 499, 501(2)
Dobkin, H. 770
Dobrovodský, V. 701
Dobrowski, Charles V. 188, 189, 228
Dobrynin, J. F. 962
Dobson, A. M. 416
Dobson, A. M. 510
Dobyrin, I. F. 679
Dodd, J. 687
Dodd, R. A. 353
Dodds, H. W. 369
v. Doderer, P. R. 672, 673
Dods, J. P. 682
Doehler, H. H. 96
Döhner, O. H. 297
Doelker, William J. 333
Doepken, H. C. 313
Doepner, L. 849, 850
Dörfel, E. 832(2)
Dörflinger, Karl 149
Döring, Arno 580
Dörnen, Albert 972, 975, 978, 981
Dörr, Johannes 168, 206, 277, 279, 916, 917(3), 926, 929
Dörrscheidt, W. 132
Doetsch, K. H. 942(2)
Doffiné, E. 712
Dohna, Alfred E. 680
Dohr, A. W. 385
Dohrmann, H. 782, 783, 886, 888, 891, 895
Dokos, S. J. 219
Dolan, Thomas J. 296, 343, 446(2), 447, 452(2), 455, 460, 461(2), 462, 525, 536, 537, 538, 609, 640, 748, 841, 907
Doliwa, H. U. 657
Dolkart, Leo 833
Dollhopf, W. 579
Dolph, C. L. 281
Doman, L. S. 394, 618, 625
Domes, Theodor 651, 856, 865(2), 886, 887, 892, 893(2), 895(2), 980
Domke, O. 141, 264, 468
Domke, W. 734
Dommel, P. 959
Domsch, M. 881
Donandt, Hermann 566
Donatelli, Romolo 965
Donelan, J. A. 701
Donely, Philip 899, 943
Donnell, L. H. 165, 169, 178, 199, 223, 227(2), 232, 236, 238, 239(2), 241, 243, 248, 271, 475, 476, 477, 492, 496
Donoho, C. K. 308
Donovan, A. F. 936
Doolittle, J. H. 135
Doorentz, R. 266
Dor, L. 299, 305, 563
Doré, R. E. 663(2), 683, 693(2)
Dorey, R. N. 824
Dorey, S. F. 761, 887
Dorman, F. H. 217
Dorn, John E. 292, 294, 304, 338, 349(2), 345, 349, 350(3), 351(4), 461, 667
Dornau, Hans 155
Dornauf, J. 334
Dose, A. 243(2)
Dosoudil, Anton 396(2), 397(2), 398, 402, 463(2), 464(2), 745
Doty, W. D. 313, 596, 683
Douady, P. 440
Doucet, E. 210, 811
Doughtie, V. L. 93, 640
Douglas, Donald W. 137
Douglas, G. 137
Douglas, William D. 528, 935
Douglass, C. N. 844
Doussin, Louise 614, 621, 624, 715
Douty, Alfred 434, 436
Dove, R. C. 640
Dovey, D. M. 731
Dow, Norris F. 183, 186, 188, 189(7), 190(6), 191(4), 196(2), 240, 290, 628(5), 631(2), 909
Dowd, J. D. 611, 708
Dowling, W. E. 641
Dowty, G. H. 935, 953
Doyen, P. 574
Doyle, D. V. 382(6), 969
Doyle, G. J. 408
Draffin, Jasper O. 70, 79, 487, 567
Drake, D. W. 939
Drake, Rollen H. 97, 111
Drakeley, T. J. 417
Draley, J. E. 550
Draminski, P. 814
Draper, C. R. 795, 966
Drastik, P. 297

Dravnieks, Andrew 547, 774
Drechsler, Albert C. 819
Drechsler, W. 297
v. Dreele, W. H. 688
Dreher 425, 623
Drescher, H. 925
Drescher, K. 254(2), 931, 932
Drever, H. 321
Drew, D. A. 826
Dreyer, Georg 70, 89
Dreyer, Karl Ludwig 335(2), 336(2), 342, 343(2), 344, 546
Dreyfus, L. A. 733
Dring, G. 659
Drinkwater, J. W. 899
Driscoll, D. E. 366
Dröge, K. H. 671
Drow, J. T. 382(12), 385, 386, 390(2)
Drozd, Alfred 452, 453
Drucker, D. C. 479(2)
Drümecker, W. 111
Drummer, G. W. A. 551, 556
Drymael, Jean 988
Dschou, Dji-Djüän 244
Dubas, Ch. 167, 186, 187, 205, 494
Duberg, John E. 198, 199, 201, 245, 246, 255, 260(2), 476(2) 477
Dubilier, William 677(2)
Dubois, John H. 85
Dubois, P. 85, 405
Dubrisay, R. 546
Dubuc, J. 523
Duc, J. 950
Duckwitz, Carl A. 568
Duckworth, W. H. 442, 824
Dudley, Leslie P. 270, 573, 785, 848
Dudley, L. 103
Dudley, W. M. 272
Dudzinsky, N. 344, 346
Dübbers, W. 815
Dübi, E. 329
Dürbeck 956
Duffing, P. 776
Dufour, E. 849
DuFour, Frank O. 116
Dugdale, D. S. 750
Duggan, F. W. 464
Duke, James B. 452
Dulis, E. J. 299, 304, 319, 563
Dumas, A. 724
DuMond, T. C. 79, 360
Dumont, C. 219, 487, 488
DuMont, Charles S. 360
Dumpert, E. 678, 783, 869
Duncan, Catherine G. 438
Duncan, W. J. 186, 273, 477, 506, 915(2), 919(5), 921(3), 922, 927, 928(5), 930, 945
van den Dungen, F. H. 275
Dunker, Hans-Werner 261
Dunker, H. W. 721
Dunlop, A. 821
Dunn, Louis G. 112, 166, 188, 243, 245, 480
Dunn, J. H. 795, 818, 870, 874, 879(2)
Dunn, P. A. 437(2), 987
Dunne, P. C. 240, 250, 253, 909
Dunsdon, D. V. 926
Dupin, J. 932
Dupont, P. 922
Duport, Guy 653
Dupouy, Gaston 775
Dupre, Henry 832
Dupuis, L. 970
Durante, R. 277
Durelli, A. J. 202(2), 530, 767, 769, 770(2)
Durham, H. M. 587
Durham, R. J. 347
Duriez 79
Durlach, F. 873
Durstein, R. C. 370
Dusenberg, Charles 719
Dusinberre, G. M. 105
Dusold, Theodor 449(2)
Dutheil, J. 476, 510
Dutilleul, H. 532, 589
Dutton, V. L. 250, 344
Duwez, P. E. 740
Duyn, G. C. 172, 589, 635
Dwight, J. B. 494, 794
Dworzak, W. 208
Dyke, R. H. 654
Dzhanelidze, G. Y. 205, 250, 283

Eagan, T. E. 457(2), 537
Eastwood, F. 842
Eastwood, L. W. 346, 352(2), 356
Eatherton, Laurel J. 948
Eaton, I. D. 525, 538, 610, 634, 642, 646(2)
Eatough, C. 571
van der Eb, W. 165, 475
Eberan von Eberhorst, R. 869
Ebermann, L. 97
Ebert, A. 800
Ebert, F. 754
Ebert, H. L. 418

E

Ebert, L. J. 352, 529, 596, 597, 611
Ebert, W. 929
Ebinghaus, Hugo 116
Ebner, Hans 161(6), 164(2), 165, 186, 228(3), 229(2), 231(3), 232, 235, 237, 240, 243(5), 244(3), 246, 251(2), 254, 255, 256, 258(2), 259, 482(2), 502(3), 508, 758, 759, 837, 878, 904, 905(2), 906, 907, 930, 931(3), 941, 942, 979, 980
Eborall, R. 348, 351
van Echo, J. A. 319
Eckardt, H. 296
Eckardt, Siegfried 293, 317, 738
v. Eckartsberg, H. 325, 789
Eckel, E. J. 300
Ecker, R. 421
Eckert, B. 407
Eckert, G. 724, 961
Eckinger, Karl 956(3), 957
Eckstein, E. 921
Eddy, R. P. 499
Eddy, W. P. 827
Edeleanu, C. 560(2)
Edelman, R. E. 368(2), 369
Eden, J. J. 238, 239
Eden, T. F. 827
Edmonds, R. 308
Edmunds, H. G. 533
Edwards, A. R. 308
Edwards, Bill 667
Edwards, G. R. 823
Edwards, Junius D. 555
Edwards, J. L. 823
Edwards, R. H. 530
Edwards, W. A. 729
Eeckhout, L. 439
van Eeghem, J. 325
Effertz, K. H. 598, 599, 783, 784
Effgen, Hans 668
Egen, Heinrich 782, 834
Egger, Hans 148, 174, 199, 284
Eggmann, J. 821
Eggwertz, Sigge 211(2), 234, 261, 262(2), 914(2)
Egner, Karl 266, 268, 269, 270, 377, 380(3), 381, 386, 423, 425, 463, 615(5), 616, 617, 618(3), 626, 637, 638(2), 647(2), 711(2), 712(2), 719, 962, 966(4), 981
Egund, K. F. 963
Ehlers, Georg 157
Ehlers, G. 405, 419, 422, 736(3), 780, 832
Ehlers, Joh. F. 614, 620, 713
Ehmsen, E. 897
Ehrenberg, W. 773
Ehrhardt, Hermann 628
Ehring, H. 137, 138, 931, 941(2)
Ehrlicher, G. 663, 675, 705
Ehrmann, Hans 274
Ehrmann, W. 380
Eichenmüller, W. 663
Eichholtz, K. 898
Eichinger, Anton 287, 288, 297(2), 329, 522(2), 593(2), 835
Eichler, Martin 286
Eickleman, Francis 565
Eickner, H. W. 388, 412, 428, 617, 621(4), 623(4), 624(2), 626, 713(3), 775
Eilbensteiner, O. 581
Eilender, Walter 297(4), 300, 303, 307, 437, 453, 555, 686, 722
Eimbeck, F. 951
Eisenberg, Phillip 257
Eisenhardt, G. H. 910
Eisenkolb, Friedrich 96, 100, 299, 332, 333(2), 354, 563, 670, 770
Eisenkolb, Karl 749
Eisenmann, Josef 159
Eisenwiener, H. 749
Eisermann, E. 325
Eisermann, F. 315
Eisfeld, E. 115
Eklund, P. R. 583
Ekström, J.-E. 75
Elam, C. F. 180
Elam, D. W. 621
Eldin, A. S. 304
Elias, R. T. 423
Ellenberger, G. 922(2)
Elling, R. E. 446
Ellinger, G. A. 546
Ellinghausen, H. C. 829
Elliot, D. G. 710(2)
Elliott, E. 341, 347, 348
Elliott, F. W. 407
Ellis, D. L. 928(2)
Ellis, Greer 769(3), 770(2)
Ellis, W. C. 408
Ellison, John M. 798
Elliss, H. 653
Ellwood, E. C. 348
Elmendorf, Armin 397
Elmer, David A. 688
El-Sayed El-Schasly 162, 932
Elsea, A. R. 310
Elsesser, T. M. 300
Elssner, G. 99, 721
Elwitz, E. 153

E

Ely, A. W. 643
Emerson, R. W. 598, 687
Emilsson, E. B. 398
Emley, E. F. 356(2)
Emmen, J. 980
Emmerich, E. 830
Emmett, J. A. 897
Emonin, L. 984
Emschermann, H. H. 517, 760
Emter, D. 796
vom Ende, E. 534
Enders, W. 296, 746
Endo, Hikozo 548
Endres, A. 581
Eney, William J. 151
Engel, H. C. 182, 800, 801
Engel, Harry 75, 85
Engel, L. 813
Engel, W. 958
Engel, W. J. 362(2)
Engelbrecht, A. E. 926
Engelbrecht, Ludwig 439
Engelhardt, Heinrich 479
Engelhardt, L. F. 949
Engelhardt, W. 667, 668, 720
Engelmann, Fritz 496
Engelmann, H. 496
Engelmann, Helmut 137
Engels, Kaspar 401
Engert, Hubert 937
Engesser, F. 154
England, H. H. 883
England, J. R. 868
Engle, E. W. 376
Englehart, E. T. 860
Engler, E. A. 967
Englerth, George H. 391, 617
Englisch, C. 654, 814, 817
English, R. H. 377
Enlund, B. D. 298
Enneper, Paul 154, 158, 254, 979
Ennor, William T. 983
Enomoto, Nobusuke 748
Enos, L. H. 946
Ensrud, A. F. 231, 255
Entrican, A. B. 383
Entwisle, A. R. 312
Entwistle, K. M. 338
Enzensbérger, Walter 429(2), 430
Enzian, G. H. 301
Epelboin, Israel 728
Eppelsheimer, D. S. 368, 770
Eppler, John F. 228
Epprecht, W. 319
Epstein, A. 899, 910
Epstein, George 87, 94, 99, 431, 716
Erbin, E. F. 371
Erdman, Donald C. 755
Erdmann, Ottfried 975, 977, 978(2)
Erdmann, W. 268
Erdmann-Jesnitzer, Friedrich 94, 97, 611, 663, 695(2), 696(3), 706
Erdmenger, Franz 116
Ergang, R. 541
Ergler, P. C. 569, 631, 711
Ericksen, W. S. 183(2), 184, 185, 217, 218(2), 267
Erickson, B. 476, 516
Erickson, E. C. O. 185, 387, 403, 412(5), 414, 749
Erickson, H. G. 952
Erickson, James L. 653, 660, 778(2)
Eringen, A. Cemal 185, 218, 242, 516, 517, 801, 802, 803
Erkens, A. 580
Erker, Armin 94, 134, 315, 520, 524, 525, 535(2), 560, 595(2), 605(4), 606(3), 609(2), 610, 633, 646, 680, 760(2), 776, 790, 804, 867(2), 868, 879
Erlandsen, Oscar jr. 260, 506
Erlenbach, Adolf 111
Ernst, F. 980
Ernst, Eugen 116, 979(2)
Ernst, Hellmut 113, 956(3), 957
Ernst, Karl 566
Ernst, Theodor 356
Erra, A. 454, 753
Erwin, E. A. 754
Erz, K. 869
Esarey, B. J. 582
Esau, A. 275
Eschbacher, E. W. 690(2)
Eschelbach, E. 102
Eschler, H. 219, 286, 513
Eschler, M. 279, 280
Eschmann 92
Eshman, Andrew N. 363, 371, 373
Esmonde, R. A. 865, 880
Esser, Hans 297, 317(2), 738, 770
Esser, Fr. 408
Esslinger, Maria 108, 148, 160, 249, 490, 503, 836(2), 957, 975
Estep, Max H. 719
Etienne, Charles 720, 728
Etienne, Marcel 373
Etkin, Bernard 908
Ettema, E. H. 680
Eubanks, R. A. 532
Eudier, Michèl 345
Evangelides, H. A. 438, 726, 728

Evans, E. M. 407
Evans, Gilb. 568
Evans, G. B. 668, 949, 952(2)
Evans, H. 722
Evans, J. jr. 909
Evans, L. T. 70
Evans, R. W. 304
Evans, U. R. 91(4), 435, 542(2), 560, 562(2)
Evans, V. 434(2)
Evans, W. 370
Evans, W. H. 960
Evans, W. J. 815, 947
Evans, W. M. 513
Everest, A. B. 327, 331, 817
Everest, A. D. 327
Everhart, John L. 313(2), 324, 362, 363, 370, 374, 376, 571, 659, 733, 827
Everling 461
Everling, Emil 431, 784, 870, 873(2)
Everling, Otto 818
Everts, G. 471
Ewald, Kurt 848(2)
Ewell, W. W. 163, 164, 210
van Ewijk, L. J. G. 341, 379, 555, 639
Ewing, Ann E. 322
van Exter J. Ph. 968

Fabel, Donald C. 96
Fabel, Karl 85
Fabry, Charles W. 271, 850(2), 860
Fabrykowski, Z. J. 612
Fackert, Walter 295
Fadjejew, N. N. 987
Fadle, Johann 151
Faerber, Leopold 270
Faerber, Julius 70
Faerber, L. 637
Färber, M. 817
Faerberg, J. J. 196
Fageol, F. R. 578
Faguet, J. 698
Fahey, D. J. 413, 802
Fahlbusch, H. 246, 255(3)
Fahlbusch, Heinz 396, 644, 850, 855
Fahnenbruch, Fritz 971
Fahrenbach, Wolfgang 676
Fahrenhorst, Eberhard 82
Fahrenhorst, W. 442
Fahrni, Fred 400
Fahsel, K. 297, 523, 595, 605, 681
Fainleith, M. 363
Fairbairn, G. A. 323
Fairbank, D. W. G. 259
Faires, Virgil M. 93, 104(2)
Fairman, Seibert 89
Fairthorne, R. A. 138, 254, 487
Faissler, Max 152
Faißt, Helmut-Wolfgang 674(2), 865, 883(2), 984, 985, 986, 987
v. Fakla, St. 903
Falberg, W. E. 316
Faldetta, R. D. 820
Falinski, Marie 438
Falkenhagen, Günter 552
Falkenheiner, Helmut 146(3), 577
Falkner, V. M. 920, 928(2)
Faller, F. E. 895
Fangemann, M. Gerhard 313, 576
Farb, Daniel 200
Farber, Eduard 397
Farnham, G. S. 779
Farr, W. W. 665
Farrah, J. T. 947
Farrar, D. J. 165, 475, 988
Farre, A. E. 661
Fast, J. D. 683
Faucheur, D. 797
Faudi, F. 935
Faulhaber, Richard 449
Faupel, J. H. 250, 344, 345
Faure, Gérard 764
Fauß, K. 735
Faveau, M. P. 406
Favre, A. E. 780(5)
Favre, Henry 171(2), 198, 210, 214, 767
Fay, Douglas P. 473
Fearnehough, T. D. 312
Fechet, J. E. 951
Federhofer, Karl 155(2), 157, 166, 170(2), 174, 199, 205, 212(2), 219(2), 237(2), 240, 248, 277, 278, 280, 282(3), 284, 469, 486(2), 491, 504, 837, 840
Federn, Klaus 466
Féderspiel-Labrosse, J. M. 870
Feely, F. J. jr. 612
Fefferman, R. L. 631
Fehn, Halvor 424, 716
Feibicke, H. 268
Feigen, Morris 235, 249, 512
Feil, G. W. 186
Feiler, C. E. 543
Fejer, G. 966
Feldmann, Willy 335, 545, 557, 600
Feldmann, H. D. 660
Felix, W. A. 298, 325, 609, 612, 743, 754, 755(2)

Feller, H. 244, 906, 907
Fellows, John A. 326
Felmley, C. R. 699
Feltham, P. 293
Feng, I. Ming 543
Fenn, A. P. 352, 721, 726
Fennell, W. F. 958
Fenner, A. J. 454, 461, 537, 538
Ferdman, Saul 171
Ferguson, C. K. 820
Ferguson, C. N. 412
Ferguson, R. L. 448
Ferguson, R. R. 454
Fergusson, H. B. 249, 257
Ferri, A. 774
Ferris, C. F. 874
Ferris, R. E. 879
Fessel, F. 844
Fessler, H. 768
Fetcher, H. J. 210
Fettis, H. E. 273, 280, 490, 499
Le Fevre, W. J. 405
Le Fèvre, William jr. 499
Fey, R. F. 836
Fichera, G. 501
Fichter, R. 736
Fickler, Hans-Heinrich 398, 423(2), 618, 745
Fiebelkorn, H. 105
Fiedler, H. C. 733
Fiedler, Wilhelm 698, 886, 887(2), 888, 891(2), 893, 896(3)
Fiek, G. 521, 526
Field, A. L. jr. 365
Field, G. S. 282
Field, J. E. 539, 646
Field, S. 99
Fieldman, H. 760
Fienup, Kenneth L. 174, 188, 229
Figge, Kurt 329
Filippi, F. J. 708
Fillmore, C. L. 375
Fillunger, P. 468
Filonenko-Boroditsch, M. M. 89
Filzeck, B. 135, 136, 138(4), 943
Finch, Volney C. 105(2)
Finch, Walter G. 455
Findeisen, Franz 104
Findler, W. N. 765
Findley, William N. 406(2), 410, 413(2), 461(2), 462, 624, 799
Fine, M. 174, 194, 199, 245(2), 250, 259, 260, 261, 932
Fingado, Hermann 920, 921
Finison, H. J. 108
Fink 830
Fink, K. 513
Fink, Kurt 100, 763(4), 764(3)
Fink, Max 854
Finke, Gottfried 738
Finkelnburg, Hans Herbert 97, 721, 804, 842(2), 844
Finlay, Donald W. 914
Finlay, K. F. 353
Finlay, Walter L. 362, 363(2), 367, 369, 370
Finley, E. M. 348
Finnern, Bruno 734
Finney, J. M. 539
Finniston, H. M. 312
Finter, A. 69, 70, 114
Fiock, E. F. 823, 825
Fischel, J. Robert 170, 178, 188, 192(2), 225
Fischer, A. 157
Fischer, A. 727
Fischer, Albert 398, 401
Fischer, E. G. 278, 515
Fischer, Fr. P. 132
Fischer, G. 108
Fischer, G. 527, 528
Fischer, Georg 535, 579, 580, 721
Fischer, Gerhard 217, 978
Fischer, H. 661
Fischer, H. 723(2)
Fischer, H. C. 517
Fischer, Max 71
Fischer, O. 327, 613(2), 733
Fischer, Wilhelm Anton 309, 317, 320, 722
Fischer-Schlemm, W. E. 881
Fishbein, Meyer 411
Fisher, Edwin G. 662
Fisher, Gordon P. 189, 477, 481(2), 484, 510
Fisher, H. L. 418(2)
Fisher, J. C. 288
Fisher, M. S. 596, 598(2), 607
Fisher, W. A. P. 766(3), 910
Fisher, W. L. 110
Fisk, H. 689
Fitchie, J. W. 766
Fitjer, E. 937
Fitzer, Erich 375
Fitzgerald, J. S. 378, 428, 430, 715
Fitzgerald-Lee, G. 345, 696(2)
Flachsbart, O. 142, 147, 161
Flamant, F. 720
Flatz, E. 804
Flax, A. H. 761, 924

F

Fleck, H. R. 85
Flehr, Friedrich 133
Fleischer, Gerd 589
Fleischhauer, H. 658
Fleischmann, M. 375
Fleming, D. H. 663
Flemming, Herbert 777, 888
Flemming, W. 588
Flemming, W. 859
Fletcher, A. Holmes 826
Fletcher, L. 780
Fletcher, W. S. 907
de Fleury, Raymond 142, 346, 770, 778, 791, 794
Flierl, K. 514
Fligg, Claude M. 470
Fligor, K. K. 464
Flinn, Richard A. 328
Flint, A. R. 476, 477, 491, 494
Flittiger, K. 789
Floe, C. F. 733
Floersch, Bernard G. 437
Flötgen, R. 780
Flomenhoft, H. J. 938
Floor, W. K. G. 190, 192, 193, 194(2), 195, 196(4), 203, 229, 253, 501, 762, 907, 912, 940
Florin, L. 678
Flournoy, R. W. 832
Fluck, P. G. 454
Flücht, A. Heinz 105, 110
Flügel, G. 823
Flügge, Wilhelm 75, 181(2), 183, 184(2), 218, 232, 233, 247, 250, 253, 277, 282, 473, 503, 772, 785, 909, 910, 932, 933, 939
Flusin, F. 883
Föppl, August 71, 89(2), 495
Föppl, Hayo 759
Föppl, Ludwig 89(2), 100, 203, 287, 515, 765(5), 766(2), 767(2), 769
Föppl, Otto 77, 78, 101, 271(3), 272, 273, 274, 275(2), 277, 278, 285(3), 290(3), 418, 442(2), 444, 451, 466, 518, 520, 526, 534(2), 565, 570(2), 576, 645, 734(7), 735(4), 809, 812, 866
Foerster, E. 111, 886, 887, 891, 892(2)
Förster, Friedrich 748, 757, 758(4)
Förster, S. 783
Foley E. J. 987
Foley, Francis B. 290
Foley, G. M. 444
Folk, B. 78
Folkhard, Erich 313, 607, 740, 795
Foltin, E. 588
Fonda, L. B. 821
Fongi, Nella 304
Fonrobert, Felix 77, 95(2), 116, 266, 636(4), 647
Fontaine, W. E. 547
Fontana, J. C. 361
Fontana, Mars G. 294, 308, 360, 361, 363, 445, 446, 548, 550, 552, 774
Foottit, H. R. 907
Forallini, E. 868
Forchheimer, P. 108
Ford, Hugh 292, 348, 761
Ford, S. D. 750
de Forest, A. V. 519, 761, 769(4)
Forkois, H. M. 571
Forman, Milton 890
Fornaci, C. 686
Forrest, G. 340, 458, 461, 489, 792
Forrest, J. S. 833
Forrest, P. G. 446, 456(2), 458
Forrester, P. G. 584
Forsaith, C. C. 83
Forsbach, F. 853
Forshaw, J. R. 947
Forsman, O. 455
Forstmeyer 799
Forsyth, A. C. 452
Forsyth, P. J. E. 462
Fortunski, M. 734
Foss, Kenneth A. 911
van Fossen, H. B. 983
Foster, B. 935
Foster, G. W. 384
Foster, S. 939
Fothergill, A. E. 891
Fotiadi, Alexandre 452, 455
Foulkes, J. 160
Foulon, A. 756
Foulon, Jacques 331
Found, G. H. 536, 725, 778
Fournier, H. 405, 427, 713
Fowle, P. 728
Fowler, R. J. 676
Fox, Eustache N. 166, 515, 517
Fox, F. A. 357, 694, 695
Fox, L. 167, 200
Foy 849
Fraas, Arthur P. 105
Fraenkel, S. J. 303
Fraeys de Veubeke, B. M. 911, 944
Frager, M. 726
Fralich, Robert W. 194, 237, 281
Francis, A. J. 146, 159, 233, 631, 632
Francis, Howard T. 362, 560
Francisco, A. C. 613

Frank, B. 272
Frank, Kurt 935, 988
Frank, Otto 735
Frank, W. 687, 710
Franke, Erich 312, 541, 551, 559
Franke, W. 959
Frankland, F. H. 143
Frankland, J. M. 512, 515
Franklin, J. B. 734
Fransson, A. 725
Franz, Gotth. 478
Franz, W. D. 665
Fraser, G. T. 363
Fratschner, Ottomar 93, 104
Frazer, G. T. 366
Frazer, R. A. 915(2), 919(6), 920, 921, 926, 928, 929
Frazier, L. B. 361
Frazier, L. R. 367
Freas, Alan D. 387, 390, 391, 414, 415(3), 464, 617, 744, 798(2), 799
Freberg, C. R. 78, 111
Frederick, D. S. 796
Frederick, J. L. 227, 234
Frederick, S. H 827
Freedman, G. L. 946
Freedman, Samuel 699
Freeman, J. W. 309, 312, 317, 318, 319(2), 320, 323, 324, 375, 820, 821
Freiberg, Günter, 134, 895
Freiberger, W. 179(2), 202
Freier, W. 829
Freihart, Georg 268
Frei-Ischer, E. 659
Freise, H. 138
French, H. J. 449
French, T. 870
Frenkel, R. E. 351(2)
Frenz, Walter 402(2)
Frenzel, W. 432
Freriks, Rodger 437
Freudenthal, Alfred M. 79, 132, 143(2), 447, 456, 901
Frey, D. N. 311, 317, 318, 319
Frey, E. 674
Frey, Karl 404, 408, 410, 413, 426, 621, 745
Frey, P. 674
Frey, R. 699
Frey, Theodor 417
Freyer, R. 188, 259, 271, 497, 908, 932
Freyer, R. H. 360
Freymark, Hans-Ulrich 569, 958
Frey-Wyssling 382
Frick, A. 77
Fricke, Johannes 985
Fricke, H. 982
Fricke, W. 790
Frieb, Franz 382
Friebe, K. 712
Fried, Bernard, 497, 607, 634, 646, 767
Fried, M. L. 739
Friedli, J. 547
Friedmann, Werner 564
Friedrich, E. 962
Friedrich, K. 651
Friedrich, Rudolf 105
Friedrichs, K. 903
Friedrichs, K. O. 166, 167, 170, 205(2), 206, 248, 258
Fries, Walter 71
Frigot, G. 830
Frith, P. H. 308, 446, 452(2)
Fritsche, Josef 303, 470, 508(2)
Fritsche, O. 832(2)
Fritts, Harry W. 346, 794, 796, 837
Fritz, Bernhard 151, 156, 975
Fritz, J. C. 566(2), 657
Frocht, Max Mark 89, 101, 531(2), 766, 768
Froehlich, Herbert 187, 978
Fröhlich, Josef 985
Fröhlich, K. 955
Fröhlich, Karl 881
Frölich, Kurt 590
Frölich, Kurt 744
Froessel, W. 583
Frohmberg, R. P. 315
Fromandi, G. 419, 465
Froment, G. 84
Fromm, H. 139, 467, 866, 936
Frommer, Leopold 96
Frommer, L. 752
Frommhold, Hanns 69
Frost, E. L. 678
Frost, L. 953
Frost, N. E. 295, 350
Frost, P. D. 356, 367(2), 794
Fruchslen, K. 853
Fry, Adolf 303(2), 313, 451
Frydag, K. 666
Frye, H. J. 450
Fuchs, C. 783, 841, 977, 979
Fuchs, E. 97, 677
Fuchs, Friedrich 862
Fuchs, Gustav A. 972
Fuchs, H. O. 866
Fuchs, Richard 135
Fuchs, S. 527
Fuchs, S. J. 211, 239

Fuchs, W. 856
Fuchssteiner, W. 151, 153, 157, 216, 235
Führer-Arndt, V. 986
Füllenbach, H. 679
Fürst, O. 645
Fuhrke, H. 284
Fujino, Kiyohisa 396(2)
Fukroi, T. 311
Fukushima, Toshiro 728
Fulda, W. 82
Fuller, For. B. 360, 497
Fulton, L. S. 660
Fung, F. C. 211, 216
Fung, Yuang-Cheng 140, 258, 900, 909, 927
Funk, E. R. 370(3)
Funk, Paul 209, 468, 485
Furman, D. E. 314
Furrer, J. 968
Fuss, V. 82, 657
Fysh, D. 424(2)

Gaafar, I. 207
Gaats, O. 951
Gaber, Ernst 143, 149, 263(2), 264, 265, 266, 267, 268, 379, 380(2), 381, 388, 614, 629(2), 634, 636(2), 647(2), 796, 961, 974, 975(2), 982
Gabler, K. G. 691
Gabler, Paul 96, 659, 661
Gabrielli, Giuseppe 898, 903(2), 989
Gadd, A. G. 928
Gadd, C. W. 759(2), 770
Gaebler, Gustav-Adolf 651, 850, 860, 864
Gaede, Kurt 263, 472
Gäumann, H. 547(2)
Gagnebin, Albert P. 327, 328(2)
Gahagan, J. M. 643
Gailer, J. W. 88, 99
Gaitzsch, Friedrich 636
Le Gall 989
Gallaher, George L. 171, 189, 483
Gallai, Ya. S. 563
Gallerio, Pietro 935
Gallgaher, M. 413
Galmiche, Ph. 547, 552, 722
Galowin, L. 286
Galvin, W. G. 433, 546, 554
de Ganahl, D. 950
Gangler, James J. 374
Gannett, A. 747
Gans, W. 645
Gapchenko, M. N. 699
Garber, T. B. 943
Garbotz, Georg, 104, 841
Garcia-Martin, Z. 456
Gardener, G. R. 658
Gardiner, C. G. I. 948
Gardner, F. S. 698
Gardner, H. H. 900
Garelts, J. M. 975
Garges, J. P. Donald 793, 901
Garland, Cl. F. 283
Garland, W. A. 222
Garlepp 141
Garner, T. L. 417, 419
Garnett, M. 625
Garofalo, F. 305, 313
Garre, B. 582, 815
Garret, T. K. 134
Garrett, George A. 88, 99
Garrick, I. E. 918
Garrison, Norman W. 865
Garrison, Walter R. 507, 912
Gartside, F. 454, 575
Garvey, S. J. 175
Garvin, John B. 139
Gassmann, F. 275
Gassner, A. A. 255
Gaßner, Ernst 138(2), 139(2), 519(4), 520(2), 521, 522(2), 523, 524, 869, 942
Gast, Th. 413
Gastoué, D.-Y. 982, 984
Gates, S. B. 135, 942
Gatewood, B. E. 140, 479, 495, 505, 511
Gattnar, Anton 115, 116, 263, 797
Gatto, F. 338, 340, 662, 743, 755, 840
Gatton, E. 818
Gatzek, W. 306, 544, 568(2), 610, 630, 790, 904, 941
Gaughan, M. B. 406
Gaukroger, D. R. 917, 927
Gauß, F. 645, 813, 814
Gauthier, T. R. 653
Gautier, M. 892
Gautschi, A. 778
Gautschi, E. 779
Gaydon, F. A. 204(2), 512
Gayley, Charles T. 700
Gayman, W. H. 926
Gazzaniga, L. 570, 571
Gebauer 877
Gebauer, E.-Fr. 897
Gebauer, Karl 722(2), 724, 771
Gebhardt, E. 732
Geckeler, J. W. 233, 247

G

Gedizli, H. S. 215, 216
Gedö, J. 71
Gee, E. A. 360(2)
Gee, G. 800
Gefahrt, J. 715, 718
Gehler, Willy 142, 508
Gehman, S. D. 755
Gehring, H. 593
Geibig, F. C. 603
Geiger, Friedrich 150, 163(4), 263, 265, 381(2), 973(3), 976
Geiger, George F. 326
Geiger, H. L. 312
Geiger, J. 78, 276, 285, 808, 809, 811(2), 814, 823, 866
Geil, G. W. 289, 305, 322, 562
Geilinger, E. 982, 983
Geiringer, Hilda 291
Geisler, A. H. 295
Geislinger, L. 285
Geißlreiter, A. 159
Gelbras, J. 241
Geller, R. F. 441(2), 821
Gelling, Helmut 576
Gempe, E. 671
Genders, R. 654
Gendler, S. 283
Gengenbach, O. 334, 870
Geniesse, J. C. 584
Gensamer, M. 343
Gent, A. R. 501
Gentieu, N. P. 725
Gentilini, L. 986
Gentric, A. 240, 940
Gentzcke, F. 889
George, C. W. 89, 91, 599
George, E. 497, 765
George, E. P. 762
George, P. F. 602, 695, 760
Gerard, George 112, 165, 169, 170, 174(2), 218(2), 223, 242(4), 261, 466, 477, 515, 516, 786, 900, 909
Gerard, I. J. 187, 232, 487, 504
Gerber, Johannes 656, 778, 779
Gerbl, H. J. 970
Gerbl, L. 814
Gercke, Max Jobst 157, 477(2), 479
Gere, J. M. 281
Gericke 595
Gerke 944
Gerken, John M. 687
Gerlach, Hans 965
Germain, P. 925
Gerngroß, Otto 422
Gerold, A. 451
Gerold, Erich 444, 450, 453(3), 559, 565, 594, 632
Gerritsen, W. 683, 695, 782
Gerschler, J. M. 798
Gersdorfer, Otto 585
Gerstemaier, J. H. 623, 716
Gerstle, K. H. 501
Gerteis, J. H. 944
Gertsman, S. L. 313
Gerzina, J. A. 825
Geschelin, J. 770, 875
Gesteschi, Theodor 77(2)
Getz, J. R. 476
Getzlaff, Günter 133, 579, 581
Geyer, Howard M. 988
Ghaswala, S. K. 181, 357, 979
Ghelmeziu, N. 380
Ghosh, M. 516(2)
Ghosh, S. K. 489, 516(4)
Giangreco, Elio 263, 511
Gianola, Cornelio 328
Giaque, W. G. 406
Gibbons, C. H. 761
Gibbons, H. B. 719
Gibson, G. J. 677, 695
Gibson, J. 291, 295
Gibson, R. W. 369
Gibson, W. R. 427
Gibson, Pribble & Co. 133
Giddings, H. 621, 629, 631, 710
Giebe, E. 276
Giedt, W. H. 350, 351
Giehmann, H. 432, 436, 438
Giese, Henry 617(2), 637
Gilbert, Arthur C. 481, 499
Gilbert, E. 579(2), 581, 582, 816, 829
Gilbert, G. N. J. 328, 329(2), 331, 457(3)
Gilbert, Hans 651
Gilbert, Lew 753
Gilbert, P. T. 559
Gilbert, W. W. 367
Giles, E. V. 841
Giles, P. G. 347
Gilg, Bernhard 75, 210, 767, 979
Gill, E. T. 98
Gill, S. S. 262, 492, 933
Gille, Fritz 961
Gillem, P. H. 398
Gillespie, R. G. 370, 437, 968
Gillet, H. W. 304, 444
Gillette, R. T. 676, 695
Gillig, F. J. 437
Gillikson, J. W. 370
Gilman, L. 427(2)

G

Gilman, J. J. 322
Gilroy, P. E. 547
Gilson, H. B. 733
Gimmel, Paul 294, 296, 455(2)
Gimpel, G. 645
Ginsberg, H. 82, 553
Ginsburg-Schick, L. D. 665
Gin-Young Chow, Joe 313
Giordano, Guglielmo 77, 84, 114
Girandeau, A. 278
Girard, J. 763
Girini, Joseph R. 700
Girkmann, Karl 75, 160, 162, 174, 198, 211, 221, 467, 477, 486, 509, 590, 593, 983
Girschig, R. 447
Girtler, Rudolf 215
Gisen, F. 544
Gittel, Werner 401, 429
Gittleman, W. 213
Glage, W. 598
Glasenberg, Marvin 370
Glaser, Franz 151, 156, 485, 956, 966, 972
Glaser, F. W. 363, 377
Glasgow, C. S. 953, 954
Glatter, J. 553
Glatz, F. 242, 907
Glaubitz, Heinz 134, 455, 586(3), 587(7), 588, 868(2), 869, 875
Glauert, H. 919
Glauert, R. A. 426
Glaus, R. 943
Glayman, J. 88
Gleason, C. B. 734, 794
Gleitsmann 717
Glen, J. 318(3)
Glendinning, W. G. 899
Gleyzal, A. 213
Glocker, Richard 101, 407, 544, 751(4), 752
Gobie, C. H. 385
Godard, Hugh P. 542, 549, 552, 553
Goddard, G. 356, 567
Goddard, W. H. 820
Goddeyne, Dennis J. 728
Goddeyne, Leo D. 728
Godfrey, H. J. 566
Godfrey, D. E. R. 495
Godfrey, G. Bernard 160
Godsey, F. W. 105
Göbel, E. F. 92, 420, 454, 578(5), 579(2), 733, 777
Göbel, R. 727
Goederitz, August Hermann Fritz 96, 752
Göhner, O. 496(2), 572(3)
Göhre, E. 667
Göhre, Kurt 84
Göler, V. 458
Goelzer, M. A. 975
Gönner, Oskar 98, 664
Goerder, L. 416
Goerens 79
Goerke, V. H. 215
Görner, B. 293
Göttfert, O. 707
Göttlicher, Johann 155
Götze, F. 132, 807
Götze, Kurt 88
Goetzel, Claus G. 81, 95
Goland, M. 516(2), 590, 628, 925, 927
Gold, R. G. 552
Goldbach, G. 543
Goldberg, A. 351
Goldberg, D. C. 364, 370, 673
Goldberg, J. E. 216, 275, 501
Goldberg, J. H. 501, 504
Golden, L. B. 364, 551
Goldenberg, Daniel 221, 260
Goldenveizer, A. L. 491, 503
Goldhammer, B. F. 190, 478
Goldman, M. 305
Goldowsky, Natalie 540
Goldsworthy, E. C. 885, 887
Goller, George N. 322(2)
Goloff, Alexander 815
Golomb, M. 280
Golowanow, L. P. 759
Gommel, W. 881
Gomza, Alexander 189
Gondel, H. 763
Gondolo, M. 955
Gonser, Bruce W. 370
Good, James N. 200
Good, W. B. 445
Goodall, A. 108
Goodell, H. R. 643(3)
Goodey, W. H. 909
Goodey, W. J. 250, 504, 933
Goodfellow, George D. 401
Goodger, A. H. 686, 837
Goodier, J. N. 91, 181, 183, 184, 198, 478(2), 499, 509, 766
Goodman, L. E. 253, 278, 283, 737
Goodman, Stanley 190, 475, 483
Goodman, S. 612
Goosens, H. C. 686, 687
Goran, L. A. 228, 244

Gordon, C. M. 617
Gordon, D. S. 772
Gordon, J. E. 410, 413, 798, 900
Gore, W. L. 464
Goriupp, Kurt 208, 210
Gorol, H. 780
Gorthon, B. F. 733
Gorton, R. E. 763
Goschler, R. 639
Goslen, H. H. 413
Gosling, A. W. 819
Goss, Wyman 419
Gossard, Myron L. 172, 278, 917
Gossi, Alberto 491
Gossot, Jaques 713
Gostin, E. L. 723
Goto, Masahura 355
Goto, Ryozo 617, 618
Goto, Teruo 388, 430
Gotter, A. 545
Gottfeldt, Harry 142, 589, 781
Gottfert, O. 789
Gotthard 762
Gottlieb, Robert 504, 508, 627(4), 630
Gottsch, H. 69
Gottschald, R. 986
Gottschalk, E. 571, 836
Gottschalk, M. 971
Gottwald, G. 967
Gough, G. S. 180
Gough, H. J. 173, 443, 453, 454, 457, 521, 537, 561(2)
Gough, M. N. 137
Gough, V. E. 870
Gould, A. J. 562
Goulias 989
Goutel, Francois 775
de Graaf, J. E. 743
Graatz, F. 902
Grabbe 636
Grabert, G. 767
De Grace, R. F. 798
Gradstein, S. 282
Gradwell, C. F. 213
Grady, C. P. 178
Graeser, H. 834
Graf, Ludwig 557, 558(3)
Graf, René 340
Graf, Otto 89(2), 101, 143, 264, 299, 303, 379(2), 380(5), 381, 383, 386, 449, 451, 523, 524, 531, 533, 534, 565, 590(2), 595, 596, 597, 602, 604(3), 605, 606, 608, 609, 615(3), 623, 624(2), 629(3), 632(6), 633(2), 641, 647(4), 711, 789, 961(2), 962, 966(5), 968, 973, 974
Graf, W. 777, 792
Gragnani, Anna 553(2)
Graham, A. K. 720
Graham, E. W. 930
Graham, J. W. 366
Graham, Paul H. 394, 423, 440(2), 666, 718(2), 719, 720, 798
Grala, E. M. 377
Gramenz, K. 735
Grammel, G. 286
Grammel, Richard 75, 77, 78, 105, 221, 275, 282, 505, 572, 809(2), 812
Grampaix, Jean 897
Gran, Olsson, R. 169, 199(3), 205, 207, 208, 212(4), 219, 221, 472, 487(2)
Granacher, H. 809, 812
Grand, M. Louis 353(2), 461
Grangeon 607
Granholm, Hjalmar 264, 266, 422, 636, 712
Granjon, H. 337, 612, 679, 689
Grant, Nicholas J. 309, 319, 337(2), 351, 354, 355, 363, 369, 372(2)
Grass, Paul 758
Graßhoff, Heinz 151
Grassi, R. C. 467, 510
Grassie, J. C. 71
Grassman, N. 176
Grassmann, K. 692, 701
Grassmann, Peter 613
Grau, Vincente Massuet 728
Graudenz, H. 152
Graves, Walter T. 634
Gray, Allen G. 99, 323, 437, 726, 729, 827, 841
Gray, C. A. M. 220, 494
Gray, R. C. 584
Gray, T. H. 261
Greber, Jos. M. 87
Green, A. E. 178, 198, 200, 201, 205, 223, 232, 241, 489, 498, 500, 531
Green, A. P. 291, 532
Green, C. J. 592
Green, F. 842
Green, Giles G. 483, 509
Green, G. J. 865
Green, R. S. 94, 102
Green, V. L. 874
Green, William L. 687
Green, W. L. 262
Greenberg, H. J. 205, 466
Greenberg, Simon A. 676
Greenblatt, J. H. 557
Greene, R. J. 326
Greene, T. W. 591

G

Greenhill, W. L. 380, 842
Greenhouse, Harold M. 376
Greenman, Samuel 208
Greenough, G. B. 752
Greensite, A. 661
Greenspan, Martin 201, 288, 530
Greenwood, A. 370
Greenwood, E. D. 209
Greenwood, E. J. A. jr. 254
Greenwood, H. 332
Greenwood, H. W. 333, 376
Greeves, O. B. 882
Gregg, W. E. 369
Grégoire, J. A. 873(2)
Gregor, A. 116
Gregory, Edwin 79, 82
Gregory, Eric 354, 355
Gregory, J. B. 419
Greidanus, J. H. 915, 916, 917(2), 923(2), 924, 925, 926, 927
Greif, R. 829
Grein, Karl 967
Greiner, M. 78
Gremer, A. 585
Grenell, L. H. 708, 709
Greth, Arthur 406, 464
Grevesmühl, A. 856
Grieb, E. 572
Griebsch, F. 950
Grierson, R. 952
van Gries, Aloys 71, 111
Gries, H. 328
Griese, Friedrich-Wilhelm 104, 651, 652(2), 676, 782(2), 783(4), 789, 804, 807, 808
Griese, W. 776
Grieshaber, H. E. 602, 631
Griffin, F. V. 378
Griffin, K. H. 191
Griffis, Levan 513, 515
Griffith, C. L. T. 922
Griffith, George E. 200, 201, 230, 232(2), 255
Griffiths, W. T. 821
Grilliat, Jaques 328(2), 329
Grim, Otto 894
Grimal, Marcel 837
Grimm, G. O. 409, 410(2), 744
Grimm, Robert 577
Grimm, Walter 754
Grimwood, E. J. 694, 695
Grinsfelder, H. 626
Grinsted, F. 526, 988
Grinter, Linton E. 71(2)
Griot, Gustav 150
Gris, J. 899
Groak, A. St. 136
Grobe, Arthur H. 305(2)
Grobic, C. H. 430
Grodzinski, P. 673, 749(2), 750, 866
Gröber, Hanns 335, 343, 344, 349(2), 352, 356, 440, 460, 541, 545, 554, 773, 947, 948
Gröbner, W. 281
Grönegress, H. W. 733(2)
Gröper, H. 545
DeGroff, H. M. 943
Grohé, Friedrich, G. K. 292, 305
Groove, Klaus 680, 708
De Groot, Archibald 114
Gropler, H. 254(2), 931, 932
Gropp 905
Gros, A. 985
Grosert, J. E. 423, 625, 626
Grosmangin, J. 417
Gross, B. 288
Gross, J. H. 455, 456
Gross, M. R. 587
Gross, N. 740, 840
Groß, Siegfried 92(2), 573, 577
Grosse, W. 688
Großkopf, Arthur 863
Grossman, Nicholas 295, 755
Grossman, Norman 221
Grossman, P. U. A. 384, 394
Grossmann, A. 653
Grossmann, K. H. 925, 929
Großstück, W. 109
Grove, Gene 398
Grover, H. J. 453, 454, 455, 459, 461, 462(2), 521, 538(2), 539, 606, 607(4), 634(2), 646, 761
Grover, La Motte 783, 860
Groves, Wilson T. 588
Grube, K. 346
de Gruben, K. 573
Gruber, B. A. 333
Gruber, Ernst 263, 974
Gruber, W. 221
Grubitsch, H. 543
Gruen, Paul 317
Grüning, Günther 263, 469, 470(2), 508, 590, 593, 981(2)
Grüning, Martin 71, 116, 145, 146
Gruitch, J. M. 854, 863
Grumann, G. 667
Grumbach, M. A. 774
Grumman, H. R. 286
Grunert, Willy 969
Grupp, George W. 438

Gruschka, G. 296
Grzedzielski, A. 169, 906, 931
Guarnieri, Glen J. 319, 322, 351, 762
Gubanov, A. I. 499
Gucer, D. E. 456
Te Gude, H. 294
Guenther, Karl 523, 525
Günther, Oskar 345, 849, 890(2), 891, 896
Günzel, Walter 152
v. Guérard, Hermann Wilhelm 162, 264, 268(4), 386, 471, 472, 907(3)
Guernsey, R. jr. 768
Guerquin, M. 853
Guerra, G. 763
Guerreschi, L. 728
Gürtler, Gustav 341(2), 342, 352(2), 443, 458, 459, 519, 544, 554(2), 557, 655(2), 729, 740, 885, 888(2)
Guertler, W. 79
Güth, Hans 563, 738, 771
Güttner, R. 110, 581(2)
Gueussier, André 312
Guggenheim, Daniel 921, 928
Guignard, R. 848, 854(3), 855
Le Guilcher 882, 883
Guilhaudis, A. 542, 550, 730
Guillemin, J. 900
Guillet, L. 82, 373
Guinard, Charles 603, 699, 710, 873, 958
Guinier, André 334, 340, 345
Guins, V. G. 821
Guldan, Richard 71, 153
Guler, K. 569
Gulliksen, J. W. 366(2), 370(2)
Gulvin, Harold E. 108, 110
Gumbel, E. J. 447
Gundzik, R. M. 543
Gunn, K. 665
Gunn, K. W. 461
Gunnert, R. 686, 687, 688
Gunturkun, S. 218
Gurney, C. 254, 409, 410, 565
Gursahaney, H. J. 911
Gustafson, Frank 416
Gustafson, P. N. 281
Gustafsson, J. V. A. 762
Gustin, J. P. 708(2)
Guthmann, K. 775
Guyer, Roland 979
Guyot, F. 591
Guyot, H. 522, 759, 770
Gwinn, J. M. jr. 469
Gyorgak, Charles A. 316, 613
Haacke, Wolfhart 274
Haag, Rudolf 274
Haarmann 960
Haarmann, Karl 903
Haas, B. 95, 351, 520, 639(3), 645, 751, 813
Haas, M. 981
Haas, Tibor 506, 590, 874
Haase, Carl 691
Haase, M. 674
Haasen, P. 292
Habel, Alfred 270
Haberäcker, Leonhard 116
Haberstolz, F. 877
Habicht, Franz R. 648(2)
Hacker, Hermann 984
Hacker, P. T. 950
Hackerman, N. 542
Hadden, S. E. 551, 559(2)
Hadekel, R. 935, 936, 949
Hadert, Hans 87, 423, 427, 439
Hadfield, D. 758
Hadji-Argyris, J. s. auch Argyris, J. H. 186, 240, 250, 253, 909
Hadley, H. R. 211
Hadwin, R. N. 821
Häberli, F. 276
Häberlin, H. P. 721, 735
Haeder, Walter 105(2), 107
Hänchen, Richard 68, 89, 93(2), 94, 103, 104, 141, 520, 521(2), 522(2), 592, 605, 606, 783, 955, 956, 957
Händler 465
Haener, H. 278
Haertlein, J. B. 354
Haesch, O. 169
Haeussler, E. 206
Hafer, A. A. 827
Hafer, R. F. 729
Haferd, A. M. 291
Hagan, H. H. 651, 890
Hagedorn, G. 693
Hagen, J. 778
Hager, Karl 647
Hager, O. F. 868
Hagg, A. C. 825
Hahamovic, J. 593
Hahn, F. 853
Hahn, G. 317, 957
Hahn, H. 585, 875
Hahn, J. 71, 153
Hahn, L. 202
Hahne, K. H. 831
Haigold, Friedrich 819(2)
Hailer, Josef 973, 974, 976, 977, 978(2)

H

Haim, G. 98(3), 703
von Halasz, Robert 71, 77, 93, 114, 159, 647, 971
Halbig, John J. 708, 709
Halbritter, Franz 148
Hale, J. D. 665
Haley, S. M. 926
Halfman, R. L. 926
Halgren, J. A. 571
Hall, A. H. 226(2), 229, 244, 910, 911(3), 912, 927
Hall, Charles Ward 987
Hall, E. O. 291
Hall, E. Warburton 408, 900
Hall, John Howe 656
Hall, M. A. 714
Hall, Scott H. 648, 868
Haller 973
von Haller, H. 155
Haller, Hans 780
Haller, J. 583
Haller, R. 848, 881
Hallowell, F. C. 286
Hallows, I. S. 721
Halls, E. E. 410, 422
Halm, F. 694
Halme, Glenn J. 717
Halpern, C. 825
Halt, H.-G. 656
Ham, J. 370
Hamacher, F. W. 855
Hamann, H. 970
Hamburg, J. F. 347
Hamel, Georg 165
van Hamersveld, J. 651, 900
Hamilton, J. S. 807
Hamilton, W. 982
Hamlin, Charles E. 617
Hamm, Br. 571, 646
Hammer, A. 526
Hammer, C. 846
Hammer, Karl 664, 951
Hammond, A. 406
Hammond, J. P. 367
Hammond, R. 366, 971
Hampel, Miloslav 196, 250
Hampl, M. 285, 485
Hampp, W. 579(2), 580(3), 581(4), 811, 817
Hancke, A. 526, 572
Hancock, A. 437
Hancock, P. F. 309
Handelman, G. H. 175, 238, 506
Handforth, J. R. 335, 698
Hanefeld, O. 959
Hanel, K. 449
Hanemann, Heinrich 81, 82
Haneter 511
v. Hanffstengel, Klaus 639
Hanfland, Curt 110
Hanink, D. K. 435
Hanink, H. H. 362, 364(3), 366
Hanke, G. 623, 713
Hankins, G. A. 519
Hanna, K. R. 559
Hannemann 636
Hannemann, I. G. 510
Hansen, Howard J. 77(2), 114, 268
Hansen, Holger M. 78
Hansen, J. 888
Hansen, K. E. 237
Hansen, Max 79, 82, 342(2), 343, 346, 362, 367, 370, 371, 558, 945
Hansen, W. H. 705
Hanser, E. A. 86
Hanson, D. 682
Hanson, J. 503, 904, 915
Hanstock, R. F. 101, 336, 442, 752
Hanzel, R. W. 370
Hao, Chao-Chien 596
Harbeck, R. 894
Hard, A. R. 603
Harden, Crosby 660, 667
Hardenbergh, D. E. 413
Harder, Heinz 894(2), 895
Harder, O. E. 682, 685
Hardesty, S. 975
Harding, E. W. 683
Hardrath, Herbert 202, 203 447, 539(2)
Hardy, A. S. 885
Hardy, H. K. 340, 341, 583, 961
Hargreaves, F. 332
Haringx, J. A. 240, 574(3), 575, 578
Harker, T. W. 571
Harling, R. 935(3), 940
Harmer, D. J. 601
Harmon, E. L. 369
Harms, H. 892
Harper, J. S. 798
Harper, R. D. M. 237, 933
Harper, R. M. 420
Harple, W. W. 367, 370
Harpur, N. F. 917
Harrington, J. P. 408, 409
Harris, A. J. 982
Harris, Ernest C. 103
Harris, F. C. 101(2)
Harris, G. T. 313, 317, 740
Harris, I. R. 348
Harris, J. F. 701

Harris, L. A. 599, 610(2)
Harris, S. T. 745
Harris, W. J. 455
Harris, W. T. jr. 311
Harrison, Harold T. 333
Harrison, W. 518
Harrison, William N. 362, 435, 440(2), 441(2), 820
Hartbower, Carl E. 370, 598, 600, 684
Harten, Karl P. 294
Hartenberg, R. S. 224
Hartl, Fritz 263, 638, 969
Hartl, W. 540, 648, 778(3), 813, 867
Hartman, A. 538, 559, 589, 614, 616, 619(2), 620, 621, 622, 625(3), 626(3), 635(3), 646, 745, 901
Hartman, Edwin P. 796, 946
Hartman, James B. 531, 764, 769, 770, 836
Hartmann 263, 813
Hartmann, E. C. 335, 342, 343, 433, 459, 460, 472, 538, 601, 606, 607, 609, 610, 611, 630(2), 631, 633(2), 642, 646(2) 792, 840, 854, 976, 988
Hartmann, Friedrich 89, 116, 155, 482, 973
v. Hartmann, G. B. 406, 781(2)
Hartmann, W. 779
den Hartog, J. P. 71, 76(2), 78, 89, 272, 285
Hartung, E. 656
Hartung, N. A. 584
Hartwich, K. 892
Hartwig, A. 626
Harvey, J. M. 484, 494
Harvey, R. B. 204, 249, 257
Harwell, Richard H. 460
Harwood, H. J. 559
Harwood, Julius J. 359, 375, 541
Hasbargen, L. 92, 585
Hasche, R. Leonhard 86
Hase, C. 682
Hasegawa, M. 175
Haselbach, Arthur 72(2)
Hasenjäger, Siegfried 69(2), 143
Hasenmaier, Helmut 752
Hashiguchi, Ryukichi 337
Haslip, Robert 701
Hass, Max Hermann 793, 890
Hasse, H. R. 213
Hassell, E. J. 362
Hasslinger, Leopold 270
Hatcher, Bob. S. 259
Hatfield, W. H. 307
Hauber, E. S. 374
Hauber, Otto 735
Hauck, K. H. 396, 404(2)
Hauf, Harold 115
Hauffe, Karl 295
Haug, Kurt 105
Haughton, J. L. 82
Haughton, M. A. 336
Hauk, Viktor 336, 591(2), 595(3), 597, 601, 606, 607, 608, 611, 692, 751
Haupt, G. 307, 738(2), 749
Haupt, Willy 975
Hauptmann, Richard 732
Hausenblas, H. 827
Hausensteiner, Karl 267
Hauser, E. A. 411
Hauser, G. B. 852, 859, 860
Haushalter, F. L. 418(2)
Hauska, L. 113
Hausner, H. H. 721
Hausrath, A. H. 214
Hausseguy, L. 761
Haut, H. N. 425
von Hauteville, Tankred 704(2)
Hauttmann, Hubert 303(2), 569, 660, 682
Havekotte, Walther L. 376
Havemann, K. 979, 980
Haver, B. L. 370
Havers, A. 257, 276, 497, 627, 820, 946(2)
Haviár, Gy. 980
Haward, Robert N. 85, 406
Hawkes, J. M. 760
Hawkes, M. F. 315
Hawlik, E. 695
Hawranek, Alfred 116(2), 972
Hay, R. M. 959
Hayashi, Keiichi 71
Hayashi, Tsuyoshi 177
Hayes, E. T. 374(2)
Hayward, D. C. 370
Hazelton, W. S. 364(2)
Head, A. K. 446, 447(2), 460
Head, J. W. 272
Head, Richard M. 205
Heal, T. J. 341
Heald, W. R. 244
Heaps, N. S. 927
Hearmon, R. F. S. 178, 217(2), 277, 281, 381(2), 382, 383, 389(2), 390, 391, 718
Heath, R. V. 827
Hebrant, F. 305
Hechtmann, Robert A. 203
Heck, G. E. 637

H

Heck, Otto Sebastian 164(2), 186, 222, 223, 224, 228, 229, 231(2), 241(2), 243, 244, 761
Heckeroth, Heinz 479
Hederer, N. 876
Hedgepeth, John M. 912, 913, 918
Hedrick, A. F. 432
Heebink, Bruce G. 204, 414(2), 665, 719(4), 720(3), 800, 801(2)
Heebink, T. B. 179, 180(2), 197(3), 231, 260, 268(2)
Heering, H. 830
Hefele, H. 774
Heffernon, A. 677
Hegenbarth, F. 755, 760, 850
Heger, W. 924(2), 929
Heidebroek, Enno 113, 579(2), 580, 581, 587
Heiden, H. 744
Heidger, Mathias 979
Heil, G. R. 816
Heilig, Richard 152, 153, 158, 195, 279, 979
Heim, A. L. 386
Heimann, G. 577
Heimann, H. 145
Heimann, W. 657
Heimerl, George J. 168, 170, 171(2), 172(2), 175, 295, 343(2), 344, 351, 362, 473(6), 474(2), 481, 482, 483, 563, 568
Hein, Henry 671
Heine, H. 640, 647
Heinemann, E. H. 874, 901
Heinrich, Gerhard 565
Heinrich, K. 665
Heinrichs, F. 673
Heintzelmann, F. 471, 908
Heinzelmann, W. 885
Heiser, G. H. 821
Heiß, Anton 844(2)
Heister, F. 474
Heitzer, H. 104, 783, 789, 804
Heitzmann, F. 831
Heiz, W. 693
Helbing, F. 675, 692(2), 693
Held, F. 717
Heldenfels, Richard R. 243, 261, 262, 910
Heldt, Peter Martin 105(4), 873
Helevuo, K. 718
Helfer, J. 844
Helin, E. 682
Hellborn, A. V. 113
Heller, A. 275
Heller, Paul A. 325, 655(3), 656, 657
Heller, R. A. 456
Heller, S. R. jr. 532(2)
Heller, W. F. 690
Helling, Werner 341, 544, 726, 875
Hellmich, H. K. 589
Hellwig, W. 573
Helmer, C. H. 274
Hemmerling, E. 840
Hemming, C. B. 75, 85
Hemp, W. S. 146, 165, 170, 181, 191, 227, 232, 283
Hempel, Gerhard 77(3), 115, 637, 967
Hempel, H. 380
Hempel, M. 275
Hempel, Max 306, 442, 443(3), 446, 447(2), 448(2), 449(3), 450(3), 451(8), 452(4), 453(3), 455, 457(3), 458, 522, 535(3), 537(2), 539, 567, 570, 573, 574, 575(2), 576, 577, 605, 608, 645, 747(2), 764
Hencky, Heinrich 90, 166, 205, 207, 224, 234, 468
Hendrickson, C. P. 624
Hendry, Arnold W. 491, 967
Hendry, D. R. 726
Hendus, H. 407
Hengst, H. 199, 528
Hengstenberg, O. 448
Henke, R. H. 322
Henley, V. F. 725, 792
Henn, W. 982
Henne, Theodor 661
Hennig, A. 527, 765, 921
Hennigs 270
Henning, A. R. 416, 703, 797
Henning, J. E. 416
Hennings 931
Henrikson, L. 426
Henriot, G. 92
Henry, J. B. 310(2)
Henry, O. H. 98
Henschke, W. 111
Henshaw, R. C. 944(2)
Hensky, Walter 580, 585
Hensolt, Johannes 736, 886, 887, 896
Henson, G. 254
Hentschel, G. 773
Hepburn, J. R. I. 405
Heppke, H. 777
Herb, Hellmut 564
Herber, K. H. 148
Herbers, H. 301
Herbert, D. C. 314, 792
Herbiet, H. 301, 305

Herbruck, C. G. 676
Herbst, A. H. 802
Herbst, H. 142, 564, 959
Herbst, H. T. 686, 687, 694, 698
Hérenguel, Jean 345, 347, 555, 602, 724, 725(2), 727(2), 858(2), 959
Herford, W. J. 361
Hergenroether, E. J. 541
Herman, F. W. 950
Hermann, O. 854
Hermann, Walter 158
Hermanns, H. 705
Hermes, R. M. 237, 252
L'Hermite 607
L'Hermite, M. R. 220, 405
L'Hermite, R. 71, 76
Herner, Heinrich 111(2)
Herold, Wilfried 89, 449(2), 525, 535
Herrenbrodt, H. 956
Herres, S. A. 310
Herrington, H. G. 661
Herrmann, A. 929
Herrmann, C. 522, 538
Herrmann, Erhard 95, 569, 619, 655, 657, 664, 708, 727, 965, 971, 976, 982
Herrmann, G. 167(2), 168, 171(2), 281
Herrmann, H. 694
Herrmann, L. 342, 351, 666
Hertel, Heinrich 267, 389, 480, 496, 523, 524, 903(2), 904, 931(2), 942, 949, 950
Hertwig, August 145, 148(2), 972, 973, 974
Herzberg, A. 951
Herzka, Leopold 71, 487
Herzog 452, 815
Herzog, A. 154, 643, 647, 769
Herzog, Max 217
Herzog, R. 745
Herzog, W. 833
Hess, B. 751
Hess, G. K. 286
Hess, Hugo 684
Hess, J. J. jr. 943
Hess, Rob. W. 394
Hess, W. 774
Hess, W. F. 546, 557, 558, 590, 591, 596, 601(6), 602(3), 607(2), 675(2), 683, 684, 692(7), 693(5), 694(2)
Hesse, Rudolf 676
Hesselbach, B. 919
Hessenbruch, W. 79, 306
Hessing, H. 559(2)
Hetényi, Walter P. Murphy 101, 492, 737, 765(2), 766, 769(2)
Hetzel, Frederic V. 113
Heuberger J. 332, 374
Heubès, C. 933
Heuff, D. N. 691(2)
Heughan 748
Heumann, F. 465
Heumann, H. 849
Heuschkel, Julius 304, 310, 592, 676, 679, 683
Heuvers, H. 326
Hevman, J. 290
Hewitt, D. F. 710, 712
v. Heydekamp, G. 101
Heyer, K. 520, 579, 809
Heyer, O. C. 971
Heyer, R. H. 322, 750
Heyes, J. 722
Heyman, Jaques 152, 157, 158, 159, 163(2), 164(2), 267
Heymann, J. 510
Heyn, K. 69, 71, 114
Heyner 133
Heyser, A. S. 416
Heywood, R. B. 90, 454, 536, 538, 747, 766
Hibbard, H. L. 900
Hibbard, W. R. jr. 296, 377
Hibert, C. L. 543
Hickerson, T. F. 71
Hickman, William A. 186, 188, 189(6), 190(4), 191(3), 196, 628(5), 631(2)
Hicks, R. 191, 204
Hicks, R. L. 688
Hickson, V. M. 767(2), 768(2)
Hiersig, H. M. 586, 589
Higgins, C. C. 366, 370
Higgins, H. G. 378, 379, 424, 428
Higgins, T. J. jr. 478
Higgins, W. F. 725
Higgs, J. Y. 583
Higgs, W. A. 950
Higuchi, Masakazu 202, 203(2), 204
Hilbert, Heinrich L. 660, 664(2), 874
Hilbes, W. 626(3)
Hildebrand, Francis B. 251, 257, 260(2)
Hilgendorff, H. J. 831
Hill, Henry C. 828
Hill, H. N. 170, 482, 487, 488(2), 503, 510(2), 530, 634
Hill, J. M. 406, 745
Hill, R. 90, 240, 288, 502, 511, 512, 530, 743
Hill, William E. jr. 566
Hille, H. 966(2)
Hillen, G. 960
Hiller, Walter 81

H

Hillerborg, A. 978
Hillman, V. E. 571
Hilpert, A. 790(2)
Hilton, B. R. 98, 102
Hilton, Harry H. 478
Hiltscher, R. 765, 768, 769(2)
Hinde, Stanley W. 890
Hines, F. 761
Hinken, Edward W. 423
Hinman, C. W. 96
Hinxman, H. 665(2), 671
Hinzmann, R. 579
Hipkins, H. J. 598
von Hippel, Arthur 717
Hipperson, A. J. 98, 596(2), 675, 678, 683, 686
Hipperson, E. P. 683
Hirota, Teruji 396
Hirsch, E. 560
Hirsch, L. L. 367
Hirsch, R. A. 220
Hirschfeld, C. F. 577
Hirschfeld, K. 767
Hirschmann, F. 370
Hirst, S. B. 656
Hislop, J. D. 749
Hisserich, H. 786, 834(2), 883
Hitchcock, L. M. 901
Hitchcock, R. B. 361
Hitt, William C. 754
Hitz, Ralph H. jr. 373
Hizer, Robert C. 762
Ho, Shui-Tsing 247
Hoar, T. P. 314, 435, 731
Hoare, W. E. 708(2)
Hobbs, J. T. jr. 336, 356
Hobelmann, A. H. 950
Hoblit, F. M. 476, 938
Hobson, J. D. 312
Hobusch, E. 908
Hochanadel, N. J. 851
Hochheim, R. 604
Hockensmith, H. N. 981
Hockett, John E. 612
Hodder, E. S. 900
Hodge, J. M. 313, 315
Hodge, P. G. jr. 202(2), 203, 233, 499
Hodge, Webster 352, 437
Hodgins, T. S. 391, 427
Höchtlen, August 405, 429
Hoefer, K. 134, 564
Hoeffgen, H. 614, 627
Höfinghoff, W. 796
Höger, H. 737
Höhm, 396, 403
Höhn, E. 94(2), 108(2)
Höhne, F. 351
Höhne, H. 154
Höke, H. 136(2), 138, 937
Höland, Karl 783, 887
Hölder, E. 471, 818
Hoell, G. S. 591
Hömßen, Th. 959
Hoening, Karl 973, 974(2), 976, 977
Hörig, H. 379, 381
Hörmann, Erich 652, 679, 687(2), 783, 790, 791
Hörner, Aribert 797
Hövel, Theodor 332(2), 531
Hoevels, Werner 960(4)
v, Hofe, Hans 613, 677, 681, 697, 707, 731(2), 732(2), 784
Hoff 597
Hoff, E. A. W. 409
Hoff, Nicholas John 155, 157, 162, 180, 181, 182, 184, 185, 186, 187, 199, 229, 234(2), 235, 237, 239(2), 245, 248, 251(2), 252(2), 253(8), 255(2), 468, 470 476, 479(4), 513, 516, 523, 739, 801(2), 909, 933(2)
Hoff, Paul 297, 789
Hoff, Wilhelm 134(2), 507
Hoffer, R. A. 417
Hofferberth, Wilhelm 498(2)
Hoffman, Charles A. 366, 374, 539
Hoffman, P. C. 363
Hoffman, S. 374
Hoffman, W. 592
Hoffmann, Ekbert 564, 905, 931
Hoffmann, Erich 978
Hoffmann, G. 557
Hoffmann, H. 271
Hoffmann, J. 834
Hoffmann, Ludwig 947
Hoffmann, W. 593, 603, 604
Hoffmann-Möckel, E. 774
Hoffmeister, O. 867
Hofmann, Arthur 293, 343, 458, 729, 739
Hofmann, R. W. 489
Hofmann, Wilhelm 79, 296, 670, 677, 678, 679, 680(2), 707, 708(2), 771(2)
Hofsommer, D. J. 926
Hofton, J. 428
Hogartz, Walter 542
Hoge, W. E. 668
Hogg, I. H. 675, 695
Hoglund, C. O. 698
Hohenecker, Chr. Richard 807, 955

Hohenemser, K. H. 78, 147, 271, 443, 507, 511, 577, 917, 934(2), 945
Hohenner 812
Hohf, John P. 801
Hohl, W. 421
Hoischen, A. 267
Hoke, John H. 322
Holba, J. J. 78
Holback, George E. 621, 635, 716
Holdaway, George A. 547
Holden, A. N. 301
Holden, F. C. 366, 370, 371
Holden, H. A. 435, 723(2), 725(2)
Holdt, H. 317(3), 320, 325, 737
Hole, D. L. 487, 497
Holgate, S. 219
Holl, D. L. 164, 279
Holland, F. G. Code 826
Holland, F. W. 718
Holland, Herman 803
Hollard, Marc 603, 697
Holle, H. 81
Holler, Hermann 98
Holliday, T. B. 949
Hollingsworth, P. M. 832
Hollister, S. C. 247
Hollmann 678
Hollomon, J. H. 288
Hollstein, W. 578
Hollyhock, W. S. 934, 953
Holman, E. W. 363
Holman, George P. 662
Holmberg, Ake 198, 213(3), 221
Holmberg, M. E. 684
Holmes, I. R. 874
Holms, A. G. 820
Homstock, J. 663, 983
Holmstrom, C. E. 323
Holshouser, W. L. 513
Holst, H. 617, 638
Holst, J. C. 830
Holt, E. F. 364
Holt, J. T. D. 370, 373
Holt, Marshall 186(2), 188, 192, 228, 243, 335, 462, 472, 473, 482, 483(2), 498, 525, 538, 601, 602, 603, 607(2), 609, 610, 634(2), 642, 646(2), 891
Holthaus, C. 543
Holzer, Heinrich 271
Holzer, Karl A. 105
Holzer, R. 451, 565
Holzhauer, Cl. 534, 545, 561(3), 835
Holzwarth, Hans 163, 973(2)
Homberg, Hellmut 71(2), 164(2)
Homès, G. A. 611
Hommel, Ernest M. 731
Homola, Friedrich 382
Honeck, G. 979
Honegger, E. 329
Hood, M. J. 928(2)
Hooker, R. N. 560, 728
Hool, George A. 71, 93, 114, 116
Hoost, K. 469
Hootman, James A. 138, 936
Hopkin, G. L. 683
Hopkins, B. E. 314
Hopkins, H. G. 167, 186, 194, 195, 198, 209, 215, 227, 277
Hopkins, Howard L. 334, 640
Hopkins, Robert P. 422, 626
Hoppe, Carl Justus 383, 957
Hoppe, Peter 417(3), 798(2)
Hopper, E. W. 549
Hoppmann, W. H. 414, 513, 515(3), 516(2)
Horger, Oscar J. 79, 522, 734(3)
Horiike, Kyoshi 395, 618
Horino, Tsuneo 396
Horioka, Kunisuke 379, 395(2), 618
Horn, Hans A. 94, 96, 97, 98(2), 103, 837
Horn, H. E. 726
Hornauer, H. 658(2), 659, 661, 667
Horne, G. T. 462
Horne, M. R. 144, 156(2), 157, 160, 235, 249, 491, 505
Horne, R. C. 422, 717
Horne, W. B. 939, 940
Horowicz, M. Ish 491
Horst, F. W. 424
Horstmann, Dietrich 435
Hort, Wilhelm 78
Horvay, G. 168, 202(2), 220, 252
Hosang, A. 533
Hosek, J. 202
Hoskin, B. C. 198
Hosoi, Yoshikazu 340
Hotop, Werner 81(2), 373
Hotson, A. W. 772
Hottenrott, E. 532, 561, 633, 643, 646
Houben, Karl 330
Houbolt, John C. 229(2), 283(2), 473, 476, 488, 505, 515(2), 900, 901, 912(2)
Houdremont, Eduard 81(2), 292, 301(2), 317, 447, 448, 550
Hougardy, H. 321
Houghton, J. L. 355
Houghton, P. S. 92
Houldcroft, P. T. 696, 698, 699(2), 700(2), 701, 703

H

Houlier, Madeleine 281
Housner, George W. 72
Houston, E. G. 319, 320, 563
Hout, E. 245
Houwink, Roelof 85(3), 87
Hovell, P. B. 262
Hovgaard, W. 497, 590
Howard, Alexander L. 84
Howard, D. M. 284
Howard, H. B. 135, 238, 501
Howard, J. B. 408
Howard, V. W. 943
Howat, David D. 320
Howe, D. 262, 912(4)
Howe, H. A. 378, 712, 714, 718(2)
Howell, F. M. 460(2), 461, 462, 472, 603
Howland, Walter H. 234
Howland, W. Lavern 170, 187
Hoyden, A. 159, 980
Hoyer, H. 92
Hoyt, Samuel 79, 291
Hoyt, W. B. 376
Hrennikoff, Alexander 489
Hrones, J. A. 816
Hrtko, D. 612
Hrudka, Robert F. 800
Hruska, H. Federica 566
Hsu, Chieh Su 184, 198, 283
Hsu, P. T. 148, 156
Hu, Pai C. 149, 151, 167, 170, 174, 193, 194, 483
Hu, L. W. 211, 319, 347, 348, 492
Huang, M. K. 213
Hubbard, D. A. 422
Hubbard, D. C. 833
Hubbell, W. G. 321, 441(2), 827
Huber, A. 575
Huber, C. 810
Huber, Karl 287, 379(2)
Huber, L. 579, 809, 867
Huber, Maximilian T. 216, 487
Huber, O. J. 794
Huber, R. 92
Hubka, Ralph E. 181, 183, 190(2)
Hublin, R. 874
Hubner, W. 725
Hubrich, C. 941
Huchzermeier, H. M. 892
Huckel, Vera 927
Hudson, Donald E. 72, 775
Hudson, Frank 653
Hudson, G. E. 525
Hudson, J. C. 435(3), 548, 556(2), 565, 722
Hudson, R. F. 96
Hudson, Wilbur G. 113
Hübner, Walter 135(2)
Hücking, Cornelius 566
Huenerwadel, G. E. 968
Hünlich, H. 540
Hünlich, R. 564
Hünnebeck, Emil M. 790, 791, 981
Hüttebräucker 863
Hütter, A. 199
Hütter, Wolfgang 907
Huey, S. 950
Huff, H. A. jr. 701
de Huff, P. G. 364, 673
Hug, Ad. M. 845, 848, 852, 853, 861, 863, 864
Hug, H. 346, 347, 545, 670
Hugeneck, Fritz 789
Huggenberger, A. U. 763(2)
Hughes, G. E. 798
Hughes, J. E. 370, 680
Hughes, M. L. 729
Hughes, Philip J. 168, 295, 316
Hughes, W. P. 467
Hugo, Erich 779
Hugonnet, H. 792, 876(2), 883
Hugony, Eugenio 987
Hukuo, Nobukei 274
Hulbert, G. C. 415
Hull, E. H. 285
Hull, F. C. 447
Hull, J. L. 294, 658
Hull, W. G. 663, 679, 688, 698, 700, 701(2), 703
Hultin, S. 156
Hultzsch, K. 426
Humble, R. A. 722
Humfrey, J. C. W. 574
Humke, R. K. 431
Hummel, Alfred 114, 961
Hummel, B. L. 413
von Hummel, U. 325, 327
Hummitzsch, Werner 599, 678, 682, 683, 689
Hunsicker, F. P. 797
Hunsicker, H. Y. 337, 582
Hunt, George M. 88, 99, 439
Hunt, P. J. 643
Hunter, M. S. 728
Hunter-Tod, J. H. 183, 184, 228
Hunziker, Armin 971
Hurford, W. J. 360
Hurst, H. J. 656
Hurst, J. E. 330, 546
Hurt, J. B. 937

Hurty, W. C. 938
Husmann, Hans-Jochen 707
Hussein, M. Kamal 552
Hussmann, Albrecht 573(2), 809(2), 811
Hussmann, A. W. 816
Huston, W. B. 764
Hutchinson, E. F. 365, 366
Hutchinson, G. B. 368
Hutchinson, G. E. 370
Hutchinson, W. R. 598, 687
Hutchison, T. S. 660
Huth, F. A. 109
Huth, H. 136
Huth, J. H. 250, 500
Hutter, Alfred 268
Huttl, John B. 958
Hutton, J. O. 509
Huwahara, K. 551
Hwang, Chintsun 256
Hyatt, Abraham 988
Hyde, J. K. 415
Hyde, Lawrence K. 737
Hyland, P. H. 104
Hyler, John E. 394, 666, 713, 714(2), 717, 719, 865
Hyler, W. S. 455, 461, 462, 539
Hymans, F. 113
Hyslop, M. R. 294

Ingalls, E. C. 596
Inge, John E. 316
Ingenerf, W. 572
Ingham, H. S. 435, 731
Inglis, C. 498, 505, 529
Ingram 693
Intrater, J. 553
Irmann, Roland 96, 102, 342(2), 349, 352, 353, 354(5) 355(3), 459(2), 461, 601, 662, 692, 703, 778
Irmer, Horst 867, 935
Irschick, E. 389
Irving, J. 192
Isenburger, Herbert R. 753
Isensee, Gerhard 386, 389
Ishida, Makoto 532
Ishikawa, Toshisade 669
Isibasi, Tadasi 529, 537, 538, 627
Ison, H. C. K. 775
van Iterson, F. K. Th. 79
Ito, G. 726
Itzel, Morris 331
Ivaldi, T. 929, 930
Ivanick, W. 363
Ivanso, E. V. 334
Iwanow, N. 550
Iwashita, Mutsumi 395
Iwatsuka, Sinpei 431

Iablokoff, A. Kh. 383, 391, 403
Ide, H. 812
Iguchi, S. 169, 174, 207, 276, 277, 281
Ihlenburg, Wilhelm 211, 482
Iitaka, I. 656
Ijff, J. 927
Ikeda, K. 912
Ikemura, Kyoichi 668
Ikeno, Shoshi 660
Ikeno, Takashi 338
Iliff, E. D. 958
Illg, Walter 539
Illies 956
Illing, Edith 214
Ilyushin, A. A. 167(2), 224
Imaizumi, S. 402
Imbembo, Emil A. 529(2), 530, 531
Imhoff, R. N. 314
Imholz 263, 264
Imperial, F. Fabiano 511
Inada, Takashi 207
Inan, Mustafa 155, 506
Inderfurth, K. H. 88

Jablecki, Leon S. 772
Jachmann, H. 110
Jacki, R. 264(4), 266, 643
Jackson, Clarence E. 600
Jackson, J. H. 356, 367
Jackson, K. B. 226(2), 229
Jackson, K. E. 407
Jackson, L. R. 295, 318, 344, 349, 350, 444, 455, 459, 460, 461, 462, 521, 538(2), 606(2), 607(3), 634(2), 646
Jackson, M. D. 686
Jacobi 948
Jacobi, Hans Rudolf 396, 407, 409, 410, 411(3), 412, 463, 464(6), 799, 801
Jacobs, Carl E. 705
Jacobs, Eastman N. 229
Jacobs, F. A. 622, 646
Jacobs, J. A. 506, 531, 912
Jacobs, P. V. 172
Jacobsen, L. S. 278, 279, 283, 285
Jacobsen, M. I. 700
Jacobsmeyer, L. 613, 707
Jacobson, M. A. 589

J

Jacobson, R. H. 530
Jacoby, E. 268
Jacoby, K. 144
Jacovleff 105
Jacquesson, R. 445
Jacquet, Pierre A. 91, 99, 362, 543, 547, 551, 560(2), 720
Jacquiot, Cl. 88
Jäcker, Otto R. 213
Jäger 966
Jaeger, H. E. 888(2), 891, 892
Jäger, Karl 90, 510, 523, 590, 979
Jaekel, Kurt 576, 577
Jäniche, Walter 318, 566, 645(2), 743, 965
Jänecke, Ernst 79
Jaep, W. F. 837
Jaeschke, A. 672
Jaeschke, R. 111
Jaff, R. S. 201, 529
Jaffe, Bernard S. 490
Jaffe, L. D. 305, 311, 314, 361
Jaffee, R. I. 360, 362(2), 364, 366, 367(2), 370, 371(2), 374
Jager, A. 547
De Jager, E. M. 927
de Jager, W. G. R. 53
Jahn, G. 573
Jahn, H. A. 929
Jahn, W. 672
Jahnle, H. A. 364
Jain, N. C. 424
Jakkula, A. A. 789
Jakobi, Oskar 960
Jakobsohn, Wolfgang 962
James 420
James, Benjamin Wylie 469
James, H. J. 513
James, J. H. 364, 438, 728
Jameson, A. S. 571
Jamet, M. 863
Jamieson, H. C. 971
Jamm, W. 598, 791, 835
Jampolski, A. M. 723, 727
Jamyn, St. 425
Jan, Maurice 842
Jane, F. W. 379
Janes, Henry 672
Janik, Fr. 136
Jansen, H. 840
Jansen, H. A. 371
Jansen, M. 837
Janssen, M. 971
Jaoul, Bernard 347, 350, 749
Jaramillo, T. J. 220
Jarausch, Rudolf 960
Jaray, F. F. 416, 799
Jaray, P. 937
Jardine, Frank 819, 867
Jarmicki, W. Z. 794
Jarret 578
Jarrett, Tracy C. 324, 654
Jarry, J. 899, 915, 945, 988
Jaschke, Johann 659
Jaschke, R. 101
Jasper, N. H. 280
Jatczak, C. F. 300
Jaumann, Ant. 88
Jaumotte, A. L. 828
Jauol, B. 347
Jay, B. A. 378
Jefferson, T. 692
Jefferson, T. B. 104
Jehle, Fritz 906
Jehle, Hans 765
Jehle, K. 433
Jellinghaus, Werner 757(3)
Jenckel 421
Jendrassik, G. 285
Jenissen, J. 178
Jenkins, A. E. 370
Jenkins, E. S. 140, 675, 936
Jenkins, G. L. 447
Jenkins, J. A. 205
Jenkins, J. 375, 826
Jenkins, R. A. S. 151, 157, 965
Jenkins, S. 700
Jenkins, S. P. 783
Jenkins, W. D. 289, 350
Jenkinson, E. A. 314
Jenks, I. H. 553
Jenne, W. 861
Jennings, B. H. 105
Jennings, P. H. 336, 344, 352
Jenny, A. 99
Jenny, H. 314
Jensen, R. S. 453
Jentsch, F. 654
Jessen, H. 798
Jessop, H. T. 101(2), 533, 766, 767, 768(3)
Jewell, R. C. 709
Jewenko, S. K. 672
Ježek, Karl 90, 147, 469, 507, 508(2), 593
Jirauch, D. H. 614
Jockel, Otto 268, 636
Joeres, H. 814

Jörn, R. 578, 850
Johannsen, Johannes 146
Johannson, St. 425
Johansen, F. C. 860
Johansen, K. W. 225, 256
Johanssen, A. 318
John, Richard 117
Johnson, Aldie E. 290, 294, 295(2), 318, 319, 325, 326, 349, 350, 357, 739, 740, 792
Johnson, A. E. jr. 371, 377, 495, 913
Johnson, A. I. 69
Johnson, A. J. 134, 889
Johnson, C. D. 239, 507
Johnson, Curt I. 574(2)
Johnson, D. C. 826
Johnson, E. E. 190, 478
Johnson, Henry A. 438
Johnson, H. C. 926
Johnson, H. W. 971
Johnson, I. W. 699, 702
Johnson, J. A. 667
Johnson, J. B. 295, 362, 794, 946
Johnson, J. E. 72, 348
Johnson, James H. 177(2)
Johnson, L. F. 933(2)
Johnson, L. W. 542, 549
Johnson, Palmer O. 101
Johnson, R. A. 431, 622, 623, 714
Johnson, R. B. 824
Johnson, R. P. A. 379
Johnson, Robert O. 728
Johnson, S 713
Johnson, W. 507
Johnson, W. A. 722
Johnson, W. C. 434
Johnston, Bruce G. 230, 244, 510, 597, 956
Johnston, B. G. 300
Johnston, D. E. 178
Johnston, James H. 371(2)
Johnston, N. 111
Jokisch, Friedrich 155(2)
Joly, Gabriel 327
Jominy, W. E. 455
Jonas, Gerd-Zeno 439
Jonassen, Finn 600, 892
Jones, A. B. 583
Jones, A. R. 138
Jones, Bruce R. 644
Jones, E. 764, 935
Jones, Eric 762
Jones, E. C. 424(2)
Jones, E. Lloyd 560
Jones, E. R. W. 555
Jones, E. T. 137
Jones, Frederick C. 583(2)
Jones, F. E. 542
Jones, Fred R. 110
Jones, I. 533
Jones, J. B. 611
Jones, Leslie W. 574
Jones, P. G. 288
Jones, Pritchard W. 916
Jones, R. A. 374, 730
Jones, R. P. N. 236
Jones, R. T. 935
Jones, W. A. 916
Jones, W. D. 731
Jones, W. E. jr. 295
Jones, W. P. 915, 920, 925, 926, 928
Jones, W. R. 508
de Jong, J. J. 728
Jorczak, J. S. 420
Jordan, Otto 714
Jordan, P. 916, 923(2), 924(2), 929
Jordan, R. H. 78
Joseph, Carl F. 329
Joseph, J. 323, 364
Joseph, J. A. 257, 258, 491, 531
Joss, A. 727
Joss, F 863
Joukoff, Artemy S. 591(2)
Joumat, P. 612(2)
Jourdain, M. 491
Joy, C. F. 141, 943
Joyce, F. L. 659
Joyce, N. B. 512
Judd, J. A. 332
Judex, Paul 907
Judge, Arthur W. 105(2), 106(4)
Jünger, A. 442(2), 534, 561(2)
Jürgensmeyer, Wilhelm 92(2)
Jürgensonn, Helmut 109
Juillard, H. 478
Jukes, F. 685
Julien, M. M. 943
Jung, G. 888
Jung, H. 214(2), 476, 670
Jungbluth, H. 818
Jungbluth, Otto 249
Junge, Alfred 268, 637, 985
Junger, M. C. 284
Jungermann, L. 876
Jung-König, W. 342, 352, 458, 459, 562
Jungmann, E. C. 412
Jungnickel, H. 409, 799
Junière, P. 837, 986
Jupp, William B. 552

Juppenlatz, John W. 326(2)
Jurczyk, K. 781
Jurecka, Walter 246
Juretzek, Hubert 325, 327, 653(2)
Justis, H. D. 369
Juvan, Hugo 753(2)

Kaal, W. 149, 488, 830, 845, 848
Kaar, P. H. 501
Kachanow, L. N. 79
Kaczmarek, Eugen 96
Kadita, Sigeru 388, 430, 616, 638
Kägi, H. 432
Kaehler, P. 640(2)
Kämpf, P. 92
Kaess, F. 863
Kahlisch, W. 251, 785
Kahn, Noah A. 529(2), 530, 531
Kahnt, H. 450
Kahsnitz, Karl 934
Kaindl, A. 748
Kainradl 465
Kaiser, E. 965
Kaiser, Rudolf 208
Kaißling, Karl 845(3), 846, 850, 851
Kaizik, K. 832
Kalikow, I. 582
Kalisch 820
Kaliske, Gisbert 180, 197, 424, 617, 618, 622(2)
Kalkert, A. 898
Kalman, Richard 271
Kalnin, A. 106
Kalpers, H. 436, 716, 726, 817, 861
Kaluza, E. 680
Kaminsky, Edmund, L. 246
Kamm, Wunibald 110, 810(3), 815, 867(3)
Kammer, Emil 72, 153
Kammerer, Albert 445
Kammerer, M. A. 768(2)
Kammüller, K. 148, 154
Kampmann, W. 210
Kanayama, R. 947
Kanda, Toshija 638
Kane, J. V. 611
Kani, Gaspar 114, 148, 160
Kann, Felix 150
van Kann, H. 367
Kanter, I. 516
Kantrowitz, Arthur 935
Kapferer, Walther 151
Kaplan, A. 258
Kaplan, M. H. 454
Kapoor, A. N. 723
Kappelt, G. F. 794
Kappler, Eugen 750, 753
Kappus, Robert 165, 194, 466, 471, 472(2), 480(3), 482(2), 485(2), 486, 487(2), 488, 497(2), 505(3), 506, 508, 927
Karas, K. 517(2)
Karius, Alfred 444, 453
Karl, H. 509
v. Kármán, Th. 166, 169, 224, 234, 236, 250, 480, 498, 903, 940
Karsten, Alfred 885, 958
Karsulin, M. 553
Karunes, B. 202, 203(4)
Kasarnowsky, S. 509
Kase, Harry 909
Kasimorow, A. A. 895
Kaspereit, Hans 139
Kassner, R. 920(2), 921(2)
Kastan, H. 795
Kastner, Hermann 288
Kaswell, E. R. 432
Kato, Nobuyoshi 616
Kato, Masao 340, 353
Kato, Shoshiro 395
Katz, Hans 106
Katz, Israel 106
Katz, J. 803
Katz, N. H. 514
Katz, W. 552
Kauderer, H. 287, 289, 290
Kauel, J. 729
Kaufmann, Sara 157
Kaufmann, D. W. 313, 367, 370
Kaufmann, Egon 89, 90
Kaufmann, F. 605(2), 645(2), 973
Kaufmann, R. H. 108
Kaufmann, W. 160, 233(2), 236, 275, 640, 922
Kaufmann, Walther 72, 166, 169
Kaufmann, W. J. 612
Kauhausen, E. 677
Kaul, Hans W. 135(3), 136(14), 137(4), 138(4), 467, 469, 772, 898, 903, 904, 915(2), 920(2), 928, 943
Kaul, R. K. 207
Kavanaugh, E. S. 509
Kawachi, Rihei 550, 551
Kawamoto, M. 448
Kawashima, S. 226
Kay, R. Raymond 874
Kav, W. 933
Kaye, S. Leon 85

Kayser, E. 108
Kayser, F. X. 749
Kayser, H. 154, 627(2), 643, 647, 769
Kaerfott, A. J. 430
Kearns, Ch. M. 813, 947
Kearns, E. E. 862
Keck, K. F. 587
Keefe, E. J. 695, 833
Keel, C. G. 98, 597, 608, 676, 683, 685
Keeler, J. H. 377
Keen, E. D. 900, 953, 954(2)
Keese 263
Kehl, George L. 294, 372(2), 450
Kehoe, J. W. 702
Kehrmann, O. 646
Keihn, F. G. 552
Keil, A. 678, 835
Keil, Albert 758(2)
Keil, Alfred 799(2)
Keil, Ernst 302, 331, 349(2), 458, 641
Keil, Fritz 961
Keiller, I. L. 950
Kekonius, O. 862
Keldenich 264
Keller, A. 955
Keller, C. 804
Keller, E. L. 412(3)
Keller, Fred 555
Keller, G. 734
Keller, H. 418, 419, 581, 590, 606, 721, 723, 727, 752, 819, 965, 988
Keller, K. 589
Keller, W. C. 824
Kellermann, Rudolf 641
Keller-Vaillant 88
Kelley, Floyd C. 698, 708
Kelley, John J. 640
Kellicutt, K. G. 397, 865(3)
Kelly, Burnham 115
Kelly, G. M. 953
Kelly, J. R. 407
Kelsey, S. 211, 256, 502
Kemler, E. N. 78, 111
Kemna, E. 957
Kemp, C. Ridgely 700
Kemp, Robert E. 699
Kemp, R. H. 763
Kempf, L. W. 334, 352
Kempner, Joseph K. 186(2), 199, 235, 237, 245, 246, 251, 261, 484, 511(2)
Kenedi, R. M. 474, 484
Kenn, K. H. 784
Kennard, E. H. 235
Kennedy, A. J. 295
Kennedy, A. P. 141
Kennedy, C. C. 272
Kennedy, D. E. 269(2), 387, 798
Kennedy, Ernest C. 918
Kennedy, W. B. jr. 182, 800
Kennel, Ernst 95, 99
Kenny, J. T. jr. 281
Kenney, K. 931
Kent, R. P. 600
Kentzler, H. 970, 982
Kenyon, John N. 565
Kerekes, F. 481
Kerensky, O. A. 310, 976
Kerkhof, W. P. 132, 240, 840
Kern, Arnold 949, 954
Kern, J. 814
Kern, J. D. 400
Kerns, E. E. 837
Kerr, James G. 688
Kerstan, W. 774
Kersten, Carl 117(2), 961, 981
Kersten, G. 143
Kersten, R. 642
Kersten, W. 809
de Kerverseau, E. 754
Kerwin, Harry 98
Kesselkaul, Carl Robert 379, 386, 388(3), 389, 395(2)
Keßler, H. 551, 795, 796, 820, 845, 870
Kessler, Harold D. 365, 366, 367, 370, 815
Kessner, Artur 451, 804
Kestell, T. A. 672, 821
Ketcham, S. J. 364
Ketchum, B. H. 433
Ketchum, M. S. 487, 567
Ketter, Robert L. 467, 510
Ketterl, H. 727, 729
Kettner, H. 842
Keyes, J. H. 575
Keylwerth, Rudolf 270, 378, 383(2), 386, 390, 746
Keysselitz, B. 585
Khrenoff, K. K. 699
Kiddle, P. F. 347
Kiefer, G. C. 321, 364, 366
Kieffer, R. 361
Kieffer, Richard 81(2), 373, 374
Kienert, G. 94, 95
Kienzle, O. 664, 665, 736(2), 777, 844
Kies, J. A. 513
Kiesbye 951
Kiessel, W. R. 367
Kiessler, Heinz 297, 298(2), 300, 307(2), 312, 315, 316, 318, 528
Kießler, F. 640

K

Kiessling, Fritz 480
Kihara, Hiroshi 609
Kihlgren, T. E. 599, 683, 688
Kilger, H. 81
Kilgour, M. R. 701
Kilian, Wolfgang 819
Kimbell, A. R. 668
Kimm, Gotthold 91, 112, 482
Kimmel, A. 272, 809, 812(5), 813(3), 814, 815, 944
Kimmelmann, D. N. 522
Kimura, Yasuyuki 728
Kimura, Yoshitsugu 423
Kind, C. 774
King, B. G. 950
King, B. W. 441
King, E. P. 796
King, R. 739
King, T. B. 657
King, William B. 507, 912
Kingcome, J. C. 437
Kingston, R. S. T. 391
Kinnaman, E. Berkeley 773, 918
Kinne, W. S. 71, 93, 114, 116
Kinsey, H. V. 372, 374(2)
Kinzel, A. B. 596
Kinzey, B. Y. jr. 265
Kirchdorfer, F. 87
Kirchhoff, Rudolf 72(3)
Kirchner, E. 371
Kirkby, H. W. 826, 827
Kirkpatrick, H. B. 441
Kirmser, P. 747
Kirmser, W. 464, 523(2), 536, 578, 813
Kirschfeld, L. 303(2)
Kirste, Leo 146, 148, 150(2), 151, 156, 158, 162, 183, 222(2), 237, 259(2), 486, 491, 495, 510, 589, 802, 902, 904, 905
Kirsten, G. 96
Kirsten, K. 663, 675, 705
Kirwin, J. R. 663
Kistenmacher, Gustav 115
Kitahara, Kakuichi 402
Kitazawa, George 745
Kitice, Tomio 750
Kittel, H. 85
Kittelsen, H. M. J. 907, 932
Kjellberg, B. 677
Klain, Paul 698, 700, 702, 705(2)
Klammert, A. 835
Klare, H. 432
Klas, Heinrich 542
Klauditz, Wilhelm 383, 397(4), 400(4), 401(5), 402(2), 403, 429
Klebowski, Z. 511
Kleemann, P. W. 207
Kleiber, H. 308
Klein, Bertram 173, 195, 234, 239, 253(4), 281, 933
Klein, Engelbert 79, 590, 606, 752
Klein, G. J. 938
Klein, H. 586(3), 707
Klein, Hans-Christof 641
Klein, L. 425, 565
Klein, W. 799
Kleine-Albers, August 659
Kleineberg 793
Kleine-Weischede, H. 883
Kleinlogel, Adolf 72(7), 152, 159
Kleinschnitger, K. 850
Klemin, Alexander 921, 928
Klemm, Hans 87, 425
Kleppe, S. R. 612
Klepper, G. 589
Kliefoth, F. 816
Kline, Gordon M. 389, 391, 404, 405(2), 407(2), 411(2), 413, 426(2), 434, 713, 796, 797
Kline, J. 827
Klingbeil, E. 985
Klingenstein, Th. 657
Klinger, L. J. 171
Klingholz, R. 892
Klingler, L. J. 302, 315, 597
Klinkenberg, A. 240
Klinker, B. 108
Klitchieff, J. M. 151, 175, 187, 190(2), 210, 478, 491
Klöppel, Kurt 94, 102, 132, 141, 144, 146, 150(2), 158, 164, 165, 170, 249, 450, 472, 492, 535, 592, 594, 596, 682, 789, 961, 973, 974(3)
Kloot, N. H. 379, 384, 385, 397, 398
Klopfert, A. 699, 703
Klose, R. 727, 729
Kloss, G. 860
Klosse, Ernst 551, 563, 592(2), 677, 691, 702(3), 708, 720, 789
Klostermann, P. 300
Kloth, Willi 102, 103, 110, 132(4), 133(7), 466, 474, 499, 506, 651, 675, 735, 737, 777, 784, 789(3), 804(2), 834(9), 835(2), 881, 883, 884(6)
Klotter, Karl 78, 274, 275(2), 276, 279, 285, 809, 813, 816
Klotz, Ludwig 387(2), 394(2)
Klougt, W. 684, 704, 849(2)
Kloumann, B. S. 791, 853
Kloužek, C. 72
Kluckow, Paul 422

Klüsener, O. 577, 863
Kluge, Friedrich 108
Kluge, H. 873
Kluge, J. 275
Kluge, W. T. 668
Klumpp, J. 747
Klute, C. H. 746
Knackstedt, Wilhelm 525
Knape, Th. J. 685, 697
Knauss, A. C. 386, 387, 616, 799
Knaust, H. 113
Kniffler, A. 863
Knight, A. A. 654
Knight, A. 761
Knight, D. L. 700
Knight, F. J. 440
Knight, R. A. G. 87, 394, 395, 422(2), 423, 424, 617, 625(2)
Knipp, Erwin 96
Knipp, Günther 163, 188
Knittel, Georg 225, 234
Kniveton, J. 689
Knoblauch, H. 809
Knoch, Hans 581, 905, 920(3)
Knoch, M. 449, 534
Knoch 581
Knöll, H. 77
Knörnschild 820
Knoll, E. 668
Knopp, W. V. 333
Knorr, W. 340, 757
Knowler, H. 900
Knowles, J. K. 409
Knowlton, Harry B. 312, 315, 316
Knudsen, K. E. 956
Knust, H. 766
Kobler, Karl 159
Kober, J. 486
Koch, Erich 810(2), 815, 819
Koch, Hans Wolf 272(2), 810, 845, 961
Koch, Helmut 98, 610, 677(2), 699
Koch, J. 482, 572
Koch, J. J. 244, 246, 475, 481, 763, 835, 902(2)
Koch, L. 727
Kochanowsky, Werner 137(2), 936, 937(2)
Kochendörfer, Albert 80, 288, 291, 292(3), 294
de Kock, A. C. 184, 185
v. Köckritz, Hans 296
Koegel, A. 580
Koehler, A. 744
Köhler, A. 783, 791(2)
Köhler, G. 832
Köhler, Otto 636
Köhler, O. 989
Köhler, R. 410, 426, 430
Köhler, S. 773
Köhler, Walter 557, 722
Koehn, G. W. 614, 617
Köller, Hermann 161, 186, 192, 198, 228, 243(2), 244, 251, 906(2), 907
Koelliker, E. 372
Koelzer, Herbert 668, 670, 673, 757, 758, 771(2)
Koelzer, Walter 961
Koenig, Evelyn 417
König, Hermann 960
Koenig, Max 630, 792, 845, 849(2), 867(2), 876, 879(2), 954
Koenig, R. F. 816
Koenigsberger, F. 94, 98, 102, 456, 592, 651, 781, 783, 804, 807
Koepcke, Werner 157, 209
Köpke, G. 329
Köpke, Ludwig 858, 859
v. Köppen, Joachim 135
Körber, Friedrich 317, 444, 535, 645
Körner, R. 851, 855
Körte, F. 886
Köster, Werner 289, 294, 340
Kötzschke, P. 850, 870
Kohaut, Artur 583
Kohl, Ernst 143, 145, 152, 159, 221
Kohler, E. 728
Kohler, Karl 491
Kohler, Karl 830, 831
Kohlmann, H. 820, 824
Kohlmeyer, Ernst Justus 334
Kohlwey, J. F. 662
Kohn, A. 308, 310, 316, 456
Koiter, W. T. 165, 193, 195, 506, 507, 907
Kojis, Daniel D. 644
Kol, J. 329
Kolb, Hans 572
Kolbl, F. 361
Kolde, R. F. 565
Koljo, Boris 385
Kollbrunner, Curt F. 154(2), 155, 167(2), 168, 170, 171(4), 211, 220, 222, 470, 482, 508, 511, 981, 982
Koller, A. 372
Koller, H. 425, 831
Kollmann, Franz 84(3), 377, 378(4), 380, 381, 383, 396(2), 397(6), 400(4), 401(3), 403, 463, 464(2), 532, 666(3), 674, 744, 775, 796, 966

K

Kollmann, K. 585
Kollmar, Alfred 144, 305
Koloc 378
Kolom, A. L. 912
Kaloušek, Vladimir 155
Kolsky, H. 518
Komatsu, Jiro 353
Komers, Max 592, 677, 680
Kommerell, Otto 69, 142, 468
Kommers, J. B. 89, 104, 443
Kommers, William J. 180(2), 185(2), 197(2), 217, 218, 222(2), 463(6), 744, 800, 801
Kondo, K. 195
Konejung, A. 837
Konietschke, W. 956
Koning, Carel 514(3), 902(2), 919(2)
de Koning, T. 824
Konishi, Ichiro 157
Konkle, G. M. 420
Konrad, A. 670
Konried, G. 611
Koo, B. 148, 156
Kooistra, L. F. 454, 760
Koop, J. 834
Koopman, K. H. 684, 733
Kopecki, E. S. 660
Kopf, E. 528
Koppe, Rolf 707
Koppenberg, H. 142
Koppenhöfer, A. 904
Koppenhöfer, Hermann 149
Korbelak, A. 721
Kordatzki, W. 101
Kordes, Eldon E. 281, 284, 912
Korf, H. 973
Korff, Walter H. 948
Kornfeld, Heinz 305, 306, 733(2)
Kornhauser, M. 235
Kornilow, J. J. 373
Kort, E. G. 668, 807
Koshuba, W. J. 375
Kosko, E. 147, 931
Kosten, C. W. 285, 418, 578
Kostjuk, D. I. 589
Kostoch, F. R. 367(3)
Kostron, Hans 335(3), 337, 341, 345(2), 346, 459, 549, 568(2), 669, 740, 845
Kotalik, B. J. 45
Kotanchik, Joseph N. 150, 188, 197, 335, 471
Kotfila, R. J. 371(2)
Kothe, Georg 433
Kothny, Erdmann 325, 656
Kottenmaier, E. 108
Kotter, G. 789
Kotthaus, H. 671, 771, 875
De Kovat, A. 108
Kowalski, Helmut 113
Kowalski, O. 567
Kowarsch, O. K. 735
Kozai, Yasuaki 617, 618
Kozanecki, Stefan 463
Koziarski, J. 700, 901
Krabbe, Friedrich Wilhelm 145, 153, 176, 196, 973(3)
Krächter, Hans 612
Kraemer, J. Hugo 383, 439
Kraemer, M. H. 586, 784
Kraemer, Otto 106
Kraemer, Otto 377(2), 379, 385, 389(4), 391, 410, 432(2), 463, 614, 615, 711
Kraetsch, G. 635, 748
Krafft, W. 594
Kraft, R. Wayne 328
Krainer, Ekkehart 756
Krainer, Helmut 300, 311, 452, 739, 755, 756, 758
Krall, G. 978
Kramer, E. H. 938
Kramer-Drauberg, Otto 532
Kranl, R. 155
Krannich, Walter 88
Kranz, Melchior 867, 934, 935(3), 937, 940
Krapfenbauer, Robert Johann 194
Krassowsky, W. 745
Krätzenstein, M. 752
Kraupner, K. W. 584
Kraus, Alfred 88
Kraus, F. 865(2), 891
Kraus, Robert 104, 148(6), 161(2), 162
Krausche, K. 158, 164
Krause, A. 598
Krause, C. 661
Krause, Herbert 206
Krause, Hugo 99
Krauskopf, Walter 294
Krautkrämer, H. 612, 755, 757(2)
Krautkrämer, Josef 612, 755, 756(2), 757(2)
Krautter, W. 867(2)
Krautwurst, Otto 490
Krebs, J. 592, 784
Krefeld, William J. 596, 599
Kreft, Lothar 704
Kreh, H. 735
Kreißig, Ernst 110, 261, 776, 784(2), 845, 846, 849, 850, 851, 852, 853, 856, 863

Kreitz, Karl 307
Krekel, Paul 702, 703, 713, 794, 795, 796, 818, 874, 875, 880, 881, 882(3), 883, 895, 899, 900, 908, 935
Krekeler, Karl 97, 297, 561, 621, 672, 677, 684, 686, 704(4), 716, 731(2), 732, 798, 849, 891
Krell, H. 627
Kremer, Gottfried 724
Kremer, Ph. 846
Kremser, Hans 106(2)
Kreps, R. L. 139
Kress, H. 551
Krettner, J. 216, 223(2), 233(3)
Kreutzer, Karl 469
Kreuz, F. 583
Krieger, Robert J. 687
Kriesche, H. 784
Kripke, J. 892
Krisch, Alfred 287, 293, 296, 297(2), 298, 301, 307(4), 310(2), 312, 317(4), 327, 444, 514, 566, 667, 738, 739(2), 749, 771, 936
Krisement, Otto 764
Krishnan, A. A. 552
Krishnan, S. 502
Kriso, Karl 72(2), 472, 977
Kritzler, Gottfried 663, 682
Krivobok, V. N. 314, 323, 610
Kriwoschein, G. 145
Kröhnke, Otto 91
Kroll, N. 554
Kroll, Wilhelmina D. 170, 187, 200, 201, 222, 231, 470, 473, 481, 482
Kroll, W. J. 362, 371
Kromm, Alexander 166, 186, 188(2), 193, 194, 207, 224, 226(3), 227, 229(2), 230, 234, 239, 246, 905
Kronauer, E. 947
Krone, R. H. 896(2)
Krone, W. 134
Krotz, A. S. 418, 577, 868
Krube, E. 749
Kruck, Gustav 72, 163
Krüger, Alfred 306, 577
Krüger, G. 302
Krüger, H. E. 110
Krueger, N. T. 746
Krüber, R. 810
Krümling, Günther 243, 251
Krug, Carl 804, 842(6), 843(3)
Krug, Hermann 451(3), 452
Krug, P. 594, 682
Kruithof, R. 624, 631, 635, 642
Krumbholz, H. 138, 772, 898(2), 905(2), 906(2), 931(2)
Krumme, Walter 586, 589, 807
Krupen, Philip 170, 523
Krupnik, N. 348
Kruschik, Julius 106
Kruse, E. 750
Kruse, F. 754
v. Krusensjern, Arvid 437
Krushkow, W. A. 960
Kruszewski, Edwin T. 261, 281, 283(2), 284(2)
Krynitzky, Alexander I. 330
Krystof, J. 443
Krzywoblocki, M. Zbigniew E. 205, 253, 279, 924
Kubasch 814, 948(2)
Kubaschewski, Oswald 437
Kubisch, Hildegard 302
Kubo, Kei 238, 921
Kubo, Satosi 921, 922
Kucera, J. 277
Kucharski, W. 142, 175
Kudar, J. 249, 257
Küch, Wilhelm 377(3), 378, 380(3), 381, 386(11), 389(4), 391, 407(2), 410, 411(3), 417, 418, 422, 423, 425, 426(3), 440, 463(3), 464, 528, 615(6), 616(2), 711, 712(2), 771(2), 796(3), 898, 931
Küchler, E. 285(2), 808
Küchler, R. 572, 641
Kühne, H. 384, 616, 776, 797
Kühne, Hans-Joachim 659
Kühnel, Reinhold 93, 297, 301, 316, 573, 689, 848
Kühner, H. 864
Kühner, K. 870
Künkler, A. 837
Küntscher, W. 81, 305
Kuenzel, John G. 892
Kuenzi, Edward W. 183, 184, 218(2), 227(3), 230(2), 241(3), 242(5), 246(2), 259(5), 619, 638, 644, 744, 746, 759, 802(3), 803, 969
Küpper 875
Küssner, Hans Georg 135(4), 136, 275, 772(2) 918, 919(3), 920, 922(2), 923(2), 924, 928
Kufferath, A. 355
Kufner, Max 768
Kugler, A. N. 675(2), 701
Kuhelj, A. 257
Kuhlmann, E. P. 707
Kuhm, M. 583, 811, 812(3), 817
Kuhn, H. E. 362

Kuhn, O. 960
Kuhn, Paul 154, 186, 193, 194, 195(3), 196, 199(6), 200(3), 254, 255, 260(5), 261(2), 262, 462, 482, 487, 503(2), 504(4), 505, 506, 601, 630, 905(2), 909
Kuhn, Rudolf 211, 212, 766, 768
Kuhn, W. E. 364
Kuhnen, Hermann 875
Kulp, W. 440
Kulpers, H. 898
Kumai, T. 203
Kunkle, R. W. 833
Kunowski, H. 715
Kuns, Ray F. 106, 110
Kuntny, G. W. 586
Kuntze, Albert 582, 584
Kuntze, Wilhelm 287, 290, 291, 300, 442(2), 443, 526, 527, 540, 594, 606, 738, 744
Kunz, F. W. 301
Kunz, Hans 598, 678, 840
Kunze, Bruno 626
Kunze, Ernst 314, 315, 316, 771
Kunze, Roland 440
Kunzweiler, J. J. 720
Kupferschmid, Victor 72, 590
Kura, J. G. 364
Kuranishi, Masatsugu 236, 478
Kurowski, R. 389, 743
Kurz, Karl 987(2)
Kurzemann, W. 275, 286
Kurzweil, Arthur Columbus 250
Kuschnerew, D. M. 678
Kusenberg, J. 987
Kušević, Rajko 150, 154
Kuske, Albert 101, 765(2), 766, 767, 768
Kussmann, James E. 414
Kutter, Fritz 865
Kutzbach, K. 943
Kutuchief, I. 366
Kuwaori, Masaji 914
Kuzmick, Jerome F. 661
Kwossek, A. J. 575
Kynoch, William 110

Laasonen, P. 925
Labbe, B. G. 750
Laborie, J. 892
Laborie, M. 106
Labram, E. E. 187
Labrow, S. 219
Lacey, P. M. C. 424, 712, 714, 718(4), 719
Lachmann, G, 903
Lachmann, H. P. 957
Lacombe, Paul 749
Lacosse, J. 873
Lacroix, Pierre 147
Laddon, I. M. 951
Lademann, F. 861
Laeis, Werner 833
Läpple, M. 272
Lafaille, B. 224
Lagally, M. 256
Lagère, N. 72
Lahde, H. 270
Lahde, R. 192(2), 195(3)
Laing, J. W. 983
de Lajarte, A. Dufaure 934
Lake, R. L. 202(2), 767
Lakshminarayana, C. N. 256
Lamarche, W. 307
Lamb, John 894
Lamb, J. J. 513
Lamberg, Arthur Buchwald 523
Lamberg, Rudolf 145, 158(2)
Lamberts, Kurt 402
Lamble, J. H. 205, 211, 769
Lambourne, N. C. 926
Lambrich, R. 812, 813
Laming, L. 816, 823
Lamont, John L. 81
Lamourdedieu, Marcel 337(2)
Lampton, G. T. 945
Lamster, A. 978
Le Lan, R. 978
Lancaster, J. F. 685
Landerl, H. 346
Landers, C. B. 447, 462, 539
Landgraf, F. E. 323
Landt, E. F. 397, 865(3)
Landwehr, Rudolf 767
Lane, Frank B. 671
Lane, I. R. jr. 364, 551
Lane, Joseph R. 325
Lane, P. H. R. 740, 840
Lang, A. L. 911
Lang, G. 421
Lang, G. 754
Lang, H. A. 209, 240, 241, 250(2)
Lang, R. 791, 960
Lang, S. M. 375, 442
Langdon, Howard H. 607, 634, 646
Lange 830
Lange, F. 942, 955
Lange, Karl 978, 983, 790
Lange, S. 524
Langefors, Börje 223, 233, 911, 913

L

van Langendonck, Telemaco 479
Langenstraßen, Adolf 904, 920
Langer, B. F. 519
Langer, P. 875, 934(2)
Langevin, A. 747
Langhaar, Henry L. 170, 217, 223, 228, 231, 232, 233, 247, 257, 258, 472, 479, 500, 631
Langhammer, A. J. 582, 585
Langheinrich, M. 941
Langlands, I. 263
Langley, M. 898
Lankford, W. T. 343, 467
Lansac, L. 657
Lansing, James H. 328, 457
Lansing, W. 146, 490, 512
Lanusse, Pierre 699, 764
de Lapeyrière, P. 873(2), 890, 896
LaQue, F. L. 541, 556
Lardge, H. E. 687, 821, 823, 827
Lardner, E. 375
Lardy, Pierre 151, 165(2), 205
Larrabee, C. P. 551
Larrimore, R. M. jr. 688
Larsen, E. I. 360
Larson, E. C. 394
Larson, F. R. 319
Lasch, L. 358, 359
Laskus, August 116
Latham, J. 384(5), 387
Lathrop, E. C. 428
Latimer, J. 678
Lattey, R. 438
Latzin, Kurt 94
Laubenheimer, Alfred 968
Laudon, F. P. 898
Laughnan, Don F. 440, 730
Laurell, K. 773
Laurent, Pierre 288, 345, 445, 747
Laurent-Lamothe, Raymonde 288
Laurson, Philip G. 72, 90
Lautenbusch, Gerhard 317
Lauterjung, G. 655
Laval, Gaston 642, 673(2)
LaVelle, Donald L. 654, 656, 657
Laves, Fritz 356, 693
Lavigne, M. J. 551
Lavina, G. S. 274
Lawezzari, R. 863
Lawson, B. A. 326
Laxague, Jean 764
Layland, C. L. 566
Layland, E. L. 598
Lazan, B. J. 286, 304, 312, 319, 454(2), 462(2), 747
Lazard, M. A. 475
De Lazaro, D. J. 364, 367
Lazzarino, Lucio 485, 942
Leach, A. F. 693
Leadbeater, C. J. 332(2), 373
Leaf, Walter 740
Learmonth, G. 85
Leary, J. R. 473, 483(2)
Lebouteux, H. 668
Lecoeuvre, R. 436, 542
Ledergerber, A. 821
Lee, E. 371
Lee, E. H. 240, 516(2), 532
Lee, F. H. 532
Lee, F. Z. 485
Lee, George Hamor 101, 219
Lee, G. M. 766
Lee, John F. 106
Lee, W. F. Z. 283, 284
Leeb, P. 888
Leedham, L. H. 824, 825
Lees, D. C. G. 352(2), 549, 565(2), 698(3), 792, 895
de Leeuw, J. 87
Lefèvre, M. 612, 683
Legat, A. 313, 683
Legendre, R. 823
Legg, K. L. C. 786
Leggett, D. M. A. 168, 174, 175, 194, 195, 225, 226, 236, 908
Lehfeldt, W. 757
Lehl, M. 735
Lehmann, E. E. 87, 422
Lehmann, G. 889
Lehmann, H. 844, 851
Lehmann, H. 101
Lehmann, R. 644
Lehner, S. 87
Lehr, Ernst 78, 92, 132, 134, 135, 285, 465(3), 466, 524(4), 526, 534(2), 535(2), 572, 573, 633, 737, 746, 759, 769, 776, 809, 812, 866(2), 867, 868
Leib, F. E. 566
Leibfried, G. 292
Leicher, Erich 856(2), 864
Leide, G. 687
Leigh, R. S. 346
Leighly, H. P. 364
Lein, Günter 501
Leinert, Lothar 706
Leipholz, Horst 268
de Leiris, H. 200, 234, 248, 466, 532, 589, 646, 760
Leiser, Kurt 69

L

Leiss, Karl 199, 524(3), 904, 915, 916, 920, 922, 928(3), 929(2)
Leist, Karl 824, 827, 828
Leitmer 523
Leitner 546
Leliwa-Krzywoblocki, Z. 923
Lemasson, G. 106
Lembcke, H.-R. 280
Lemm, H. P. 580
Lemmon, D. C. 460, 747
Lemoine, J. 612
Lemon, R. C. 337
Lenard, Rudolf 481
Lengbridge, J. W. 658, 664(2), 668
v. Lengerke, B. 810
Lengsfeld, J. 883
Lenk, G. 480, 841
Lenk, H. 860, 863
Lennertz, J. 282, 514
Lenning, G. A. 371
Lennon, F. J. jr. 367
Lennox, J. W. 582
Lentz, A. 568, 587, 834
Lenz, Dieter 669, 670
Lenzen, K. H. 634, 646
Leonard, Robert W. 517, 918
Leonhardt, Fritz 72, 73, 163(3), 790, 961, 972, 973(2), 974(2), 981
Leonsten, S. G. 578
Leontis, T. E. 357(2)
Leopold, W. R. 821
Lepke, Gerhard 175
Leplat, M. 335
Lequis, W. 449
Leroy, A. 693
Lesch, G. 832
Lesky, P. 281
Leslie, C. 306
Leslie, H. L. C. 678
Leslie, W. C. 308
Lessels, John M. 80, 90, 536, 734
Leth, C. F. A. 517
Leven, M. M. 531(2), 766(2)
Levenson, M. 513
Levi, Franco 147
Lévi, Robert 143(2), 509
Levie, M. H. P. 856
Levin, C. G. 587
Levin, E. 203
Levin, L. Ross 187, 196(2), 199, 200(3), 225, 230, 489(2), 494, 505
Levine, B. 246
Levy, Alan V. 373
Levy, M. 920
Levy, Robert S. 186, 245, 251, 252(2)
Levy, Samuel 170, 174(2), 187, 188, 200, 201, 204, 208(4), 209, 212, 221(3), 254, 258, 259, 260(2), 483, 494, 509, 601, 630, 909, 913
Lew, H. G. 258
Lewe, Viktor 940(2)
Lewenton, G. 783, 789, 966
Lewin, A. 86
Lewis, D. M. 101
Lewis, E. V. 891
Lewis, Floyd A. 337, 706, 842
Lewis, F. G. 308
Lewis, F. M. 271
Lewis, G. B. 669, 953
Lewis, Kenneth B. 92
Lewis, K. G. 836
Lewis, R. A. 539
Lewis, S. R. 256, 911
Lewis, W. 103
Lewis, W. C. 179, 180(2), 197(2), 260(2), 268(2), 396, 463, 624, 800
Lewis, W. R. 705
Leyensetter, W. 443
Leyer, A. 574
Leygue, E. 542
Leysieffer, G. 796, 885
l'Heureux, Paul 209
Libby, Paul A. 187, 255, 933(2)
Libove, Charles 149, 151, 171, 172, 175, 181, 217, 261, 479, 484
Libsch, J. F. 298
Lichtenberg, Heinz 728
Lichtenhahn, G. 981
Lichtenstern, E. 257
Lichtwitz, O. 587
Liddell, Donald M. 82
Liddiard, E. A. G. 349, 552, 560, 583, 694(2)
Lidmann, W. G. 360
Lie, Kuo-hao 146, 156, 165, 170, 472, 492, 973, 974(4)
Lieberherr, H. 272
Lieberknecht, Kl. 564
Liebers, Fritz 919(3), 945(4)
Liebing, O. 979
Liebmann, A. J. 435
Liebold, Rudolf 574
Liebowitz, Harold 245, 252(2), 909
Lieby, Gustav 96, 102, 358, 654, 776, 779
Liepmann, H. P. 932
Liepmann, H. W. 928, 930(2)
Lierow, Heinz 566
Liese, Johannes 439, 965
Liese, W. 439

Liesecke, Georg 572
Light, J. O. 309, 310
Lighthill, M. J. 823
Lignian, J. A. 582
Lihl, Franz 452, 562
Liiri, Osmo 970
Limbach, J. P. 390(2)
Limpert, G. 195, 229, 230(2)
Lin, Tung Hua 474, 476, 906
Linacre, Edward 286
Lincoln, R. A. 322, 324, 789
Lind, W. 109
v. Linde, R. 708
Lindemann, H. 136(2), 137, 138(4), 417, 420, 748
Lindenberger, Helmut 502
Lindh, G. 318
Lindner, Georg 487
Lindner, Gordon F. 427
Lindner, Helmut 160
Lindner, W. 93
Lindqvist, Hans 338, 673
Ling, Chih-Bing 200, 201(3), 220, 253, 500, 529, 532(2)
Linicus, W. 457, 697, 703, 795, 835, 836(2), 865, 875, 888
Link, H. 479
Linke, H. 960
Linn, T. G. 84
Linnert, G. E. 98, 323, 688
Lipkes, Y. M. 359
Lipp, James E. 195, 239, 906, 987
Lipp, Theo 518, 524(3), 534, 604(2), 904
Lippacher, K. 573
Lippert, Erhard 570(2), 642(2)
Lippert, S. 950
Lippisch, A. 903
Lippl 675
Lipsitt, H. A. 462
Lipson, Charles 90, 298, 521, 530, 537, 640(2), 815
Lipson, S. 353
Lipton, Milton 652, 777
Liron, R. 666
Liska, J. A. 383, 386, 390, 391, 744, 933(4)
Liska, J. A. 745
Lissel, Erik O. 331
Lissmann, R. 746
Lissner, Otto 743
List, F. 564
Lister, F. M. 453
Liston, Joseph 106
Little, G. E. 430(2)
Littlefield, E. P. 582
Litton, F. B. 375
Litz, Edmund 621, 716, 881, 901
Litz, L. H. 553
Litz, V. 860
Liu, S. I. 348, 460, 461
Liu, T-S. 196
Liu, Y. H. 344
Livens, G. H. 200
Livers, C. B. 937
Ljundberg, Karl 265
Ljungström, O. 913
Lloyd, E. H. 722, 752(2)
Lloyd, Thomas E. 658, 660
Lo, Hsu 194, 240, 255, 275, 283, 284
Lobley, J. 497
Locati, Luigi 455, 461, 874
Lockenvitz, A. E. 588
Lockington, N. A. 722
Lockschin, A. 480, 508
Lockwood, C. K. 377
Loeb, C. M. jr. 81
Löbell, Frank 256
Löffler, K. 947
Löfgren, Bror E. 398
Löhner, Kurt E. 106, 108, 819, 820(2)
Löhr, Hans 644
Loepelmann, Fr. 458, 544, 554(3), 723, 729, 812
Löpmann, G. 354
Loeschmann, A. 736
v. Lößl, E. 904
Logan, H. L. 453, 559(2)
Loh, M. H. 148, 156
Lohausen, Karl-August 706
Lohberg, O. 757(2)
Lohmann, H. 432(2)
Lohmann, W. 835
Lohmann, Wilhelm 99, 678, 684
Lohr, Fritz 779
Lohrke 958
Lohrmann 546
Loib, Franz 321
Loisenau, H. 918
de Lollis, N. J. 391, 426, 614
Lomas, F. 300
Lombardi, Giovanni 265
Lombardi, Loreto 497
Lomonossoff, George 110
London, A. L. 820
DeLong, H. K. 438, 725, 727
Long, J. K. 405
Long, John V. 441(2), 774, 803(2), 828(2)
Long, Roger A. 371, 375, 376(2)
Longhurst, E. E. 556

L

van de Loo, K. J. 354, 840, 962(2)
Look, Otto Heinrich 985
Loonam, A. C. 356
Lorenz 245
Lorenz, Hans 641, 642, 645(3)
Lorenz, Th. 711
Lorenzelli, E. 946
Lorig, C. H. 291, 352, 356, 794
Loring, B. M. 347
Loring, S. J. 405, 772, 916
Lorking, K. F. 723
Losana, L. 373
Losco, E. F. 311
Lott, W. 357, 563, 567, 658
Lotter, B. 585
Lotze, I. 344(2)
Loughborough, D. L. 426, 619, 759
Loughlin, J. 364
Loupott, André 320
Lourtie, J. 976
Lovdenslager, O. W. 938
Love, Augustus Edward Hough 73, 76
Love, E. R. 948
Love, P. P. 584
Love, R. J. 816
Loveless, E. 901
Lovell, A. V. 987
Lovett, B. B. C. 905
Low, A. C. 462, 571
Low, D. W. 957
Low, J. R. 343
Low, S. 325, 684
Lowag, G. 870
Lowell, S. J. 427(2)
Lownie, H. W. jr. 327
Lowrie, J. 877
Lowthian, C. S. 826
Lubahn, J. D. 295, 350, 529
Lubkin, J. L. 280
Lucan, Eberhard 160
Lucas, Edward R. 880
Lucas, Gerhard 292, 756
Luce, Julius 451, 453
Luce, Walter A. 323(2), 324, 542
Lucien, R. 938
Luck, G. A. 826
Ludeke, C. A. 273
von Ludwig, Davidlee 376, 779
Ludwig, Konrad 209, 470
Ludwig, Nikolaus 314, 318, 592, 739(2)
Ludwik, P. 443
Lueb, H. 688
Lücke, Kurt 292
Lücker, Walter 758, 759, 905
Lücking, G. 476
Lüder, Erich 705, 706
Lueg, W. 296
Lühr, Gerhard 474
Lüling, H. 326
Lüneburg, C. 752
Lüpfert, Helmut 80, 844
Lürenbaum, Karl 581, 810(2), 812, 943, 946(2)
Lüscher, E. 479
Lüthy, A. 753
Luetkens, Otto 73, 163
Lüttgen, C. 87
Lüttgerding, H. 958
Lüttich, Werner 858, 861, 862(2), 876(2), 877
Lüty, W. 425, 622, 711
Lufcy, Carroll W. 377
Luft, G. 551
Lugner, H. 881
di Luigi, F. 882
Luini, L. 371
Luke, Y. L. 280, 925, 927
Lundberg, Bo. 901
Lundberg, Gustav 582, 584
Lundberg, K. O. 521
Lundberg, T. 696
Lundgren, H. 76
Lundin, E. 455
Lundquist, Eugene E. 150, 153, 166(3), 170(2), 172, 175, 187, 193, 197, 229(3), 233, 236, 237(2), 238, 239(3), 250, 260, 470(4), 471(2), 473(4), 480, 482(2), 485, 627
Lunney, E. J. 938
Lurie, H. 280, 476
Lurie, Robert 409
Lusby, W. E. jr. 360
Lushey, R. D. S. 350, 351
Lusser, Eberhard 153, 160(2), 495
Luster, D. R. 367, 371
Luthander, S. 452, 460, 521(3), 616, 624, 641, 643, 646
Luthander, St. 946
Luther, George G. 684
Luttropp, H. 421
Lutsch, Adolf 755, 756(2)
Lutteroth, F. 852
Lutz, Ferdinand 796
Lutz, F. K. 105
Lutz, Pierre 413
Lutz, W. 751
Lux, L. 108, 723, 724(2)
Luxenberg, H. 241
Luxford, R. F. 379, 381, 386, 398, 896(2), 970, 971

Luxion, W. William 597
Lyle, J. P. jr. 354
Lyman, Ch. B. 916
Lynam, E. 945
Lynch, F. W. 868
Lynch, J. J. 344, 460
Lyon, H. M. 921(3)
Lyon, S. W. 450
Lyons, J. V. 347
Lysaght, Vincent E. 101, 750
Lyst, J. O. 460, 461, 633
Lytle, A. R. 598, 678

Ma, Chuk-Ching 362
van der Maas, Christian 484
Maaß, E. W. H. 629, 710
Mabus, Philip G. 322
Maccary, R. R. 836
Macchia, O. 99
MacCullough, Gleason H. 91
MacCutcheon, E. M. 629, 890
MacDonald, M. D. 383
MacDoonald, N. 697
Mac Donough, E. P. 927
MacGregor, C. W. 234, 526, 569
Macher, G. Haggen 909
Machlin, E. S. 294
Machu, Willi 88(2), 100(3), 541(2), 543, 552, 555
Macioce, E. 818
Mack, R. C. 659
Macke, H. J. 571
Mackenzie, J. M. 310
Mackey, S. 148
Mackin, G. E. 412(6), 800, 801
Macks, E. F. 584
MacLean, J. D. 100
MacNeal, Richard H. 165(2), 279, 494, 911, 913(2), 914
MacNew, Thomas 870
Mactaggert, E. F. 798
Macy, P. A. 430
Maduschka, Ludwig 639(3)
Mäcking, Walter 79
Mäder, Hans 600, 601, 611, 692, 693(3), 697, 702, 781
Mäding, H. 520
Mäkelt, Heinrich 410, 580, 581, 584
Magnus, K. 274
Mahla, E. M. 361
Mahle, Ernst 808, 816(2), 817, 818, 819, 820
Mahlke 814, 815
Mahlke, F. 88, 100
Mahoney, C. H. 623
Maier, A. 693
Maier, A. F. 287(2)
Maier, Erich 139, 879, 937, 946
Maier, Hans Otto 343
Maier, Karl W. 577, 810, 811(2)
Maier-Leibnitz, Hermann 73, 149, 150, 974, 980
Mailänder, Richard 301, 442, 443(2), 448, 449(2), 456, 518, 524(2), 534(2), 535, 594, 626, 738, 746
Maillet, E. 826
Maillet, Raimond 361
Main, S. A. 548
Mainstone, R. J. 764
Mair, Hans 409
Majer, J. 290
Majors, Harry jr. 457, 526
Maku, Takamaro 616
Malannino, Giacomo 935
Malcolm, Vincent T. 325, 453, 684
Malcolmson 807
Malcor, H. 660
Maleev, V. L. 106
Malenock, P. R. 305, 313
Malisius, R. 591, 594, 605, 652, 675, 676, 678, 752
Malkin, J. 468
Mall, A. W. 816
Mallett, F. M. 667, 952
Malloy, Alfred M. 434
Malmberg, Gunnar 306, 526, 743
Maloney, J. T. 700
Mandel, J. 415
Mandel, Jean 506
Mandel, Merven W. 253, 627, 628(3), 630(3)
Maney, G. A. 514, 628, 634, 710(2),
Maney, George A. 73
Manger, Alfred 73
Mangurian, George N. 111, 141
Manildi, J. F. 611
Manitz, H. R. 968
Manjoine, M. J. 318, 320, 460
Manley, R. G. 78, 272, 916
Mann, H. 543, 544, 564, 579(2), 809
Mann, E. H. 175
Mann, J. Y. 458, 461, 539(2), 747
Mann, Julius W. 719
Mann, K. E. 357, 769
Mann, Ludwig 147, 162
Mannchen, W. 347, 710
Manning, G. C. 111
Manning, G. K. 566

M

Manning, G. P. 982
Manning, R. D. 315
Manning, W. O. 536
Mansell, Rick 735
Mansfield, E. H. 198(2), 203, 207, 228, 250, 502, 628, 909(2), 911, 912, 914
Manson, S. S. 291, 296, 822(2), 823, 824
Mantel, W. 678, 679, 680, 703(2)
Mantle, J. B. 767
Manuel, G. 90
Manzella, Giuseppe 466, 767
Mapleton, R. A. 517
Maratray, F. 314
March, H. W. 170, 174, 178, 179(5), 180(6), 181, 182(2), 183(3), 184, 197, 204(2), 217(4), 218(2), 222, 241(2), 242(2), 381, 390, 496, 744
Marco, S. M. 447
Marcus, H. 76(2), 835
Mardles, E. W. J. 774
Marek, Clarence T. 96, 102
Marfels, W. 454, 733, 777
Margen, P. H. 841
Marguerre, Karl 73, 76, 90, 101, 150, 169, 181(2), 184(2), 192(2), 204, 206, 224, 225, 226, 234, 235, 238, 252, 253, 256, 276, 470(2), 473, 474, 488, 497(2), 503, 905
Marhoefer, L. J. 908
Marian, J. E. 423(2), 618(2)
Marin, Joseph 90, 250, 291(2), 296, 319, 344, 345(2), 347, 348(2), 408(2), 409, 413(2), 460, 462, 464, 467, 492, 493, 509, 511, 521
Marinke, A. L. 660
Mark, H. 418
Markl, A. R. C. 760
Markovic, T. 553(2)
Marks, K. 834
Markus, H. 368
Markwardt, L. J. 379(3), 381(2), 384, 391, 638, 745, 802
Marlies, Charles A. 86
Marlin, D. H. 865
Marquard, Erich 110, 936(2)
Marra, Alan A. 617
Marra, G. G. 746
Marracott, E. S. 798
Marschner, C. F. 691
Marsh, Cedric 484, 486, 511, 569, 603, 793, 795, 962
Marsh, E. C. J. 554
Marsh, S. W. 419
Marshall, E. R. 740
Marshall, I. A. 409
Marshall, W. K. B. 603, 684, 694, 696
Marshall, William Thomas 209, 220, 225
Marten, Gerhard 636, 638
Marth, Verlyn G. 141
Marti, H. 833
Marti, W. 814
Martin 883
Martin, B. D. 870
Martin, D. C. 685, 700
Martin, D. E. 462
Martin, D. H. 592
Martin, D. L. 295
Martin, E. 612, 756, 860
Martin, Friedrich 252, 257
Martin, F. 833
Martin, Gerry 895
Martin, H. C. 512, 911
Martin, Wayne 353, 359, 743
Martin, W. E. 410
Martinaglia, L. 639
Martinek, J. 913
Martinod, H. 761
Martinson, M. W. 358
Maruhn, H. 110, 866
Marukawa, Gohei 833
Marx, A. J. 942
Marx, K. L. 439
Marx, Walter Rudolf 476
Marzolf, S. B. 546
Maschold, Günther 149
Mascré, C. 353
Masdeo, F. 693
Masek, P. R. 416(2)
Masi, O. 753, 774
Masing, Georg 80(2), 91, 288, 304, 340, 541(2)
Maslen, K. R. 763
Mason, A. O. 576
Mason, E. W. 841
Mason, F. H. 869
Mason, J. 774
Massonnet, Ch. 149, 168, 171, 476, 483, 495
Masters, Frank M. 582
Masur, E. F. 147
Mathar, Josef 198, 738, 804, 930(2)
Mathauser, Eldon E. 262, 351, 479
Mather, W. H. 322
Mathes, John C. 792
Mathias, C. C. 680
Mathias, E. V. 894
Mathiaschitz, A. 748
Mathieu, Henry 384

Mathieu, Karl 308
Mathieu, M. Marcel 614
Matildi, P. 478
Matlock, R. W. 800
Matt, H. 691
Matteoli, L. 456
Matthaes, Kurt 101, 306, 307, 334, 407, 442, 446, 449, 457(2), 528, 540, 544, 558, 569(3), 594, 667, 739, 819, 941
Matthews, Floyd H. 701
Matthiesen, R. B. 599, 603, 610
Matting, Alexander 603, 621, 652, 678, 680, 681, 690, 691, 697, 705, 732, 837
Mattson, I. C. 698
Mattson, R. L. 448, 456
Matumura, Y. 947
Maud, F. E. 206
Mauderli, B. 726
Mauerer, Georg 846, 848, 863, 867
Mauersberger, H. R. 88
Maugh, Lawrence C. 73
Mauksch, W. 459
Maul, Heimo 629
Maulbetsch, J. L. 169
Maurer, E. R. 90
Mautner, S. E. 180, 801
Maxwell, Bryce 408, 409, 745, 750
Maxwell, L. H. 375
Maxwell, W. A. 377
May, G. 719
May, R. 542
Mayenborn, Rolf 297
Mayer, Max 73(2), 114
Mayer, M. jr. 188, 460, 536(2)
Mayer, Rudolf 90, 978
Mayer-Wegelin, Hans 380, 385
Mayers, J. 228, 237, 242
Maykuth, D. J. 362, 367
Maynard, P. 371
Mayne, C. R. 323
Mayne, J. O. 434
Mayo, Wilbur L. 515, 941
Mayr, F. 804, 844
Mazet, R. 917
Mazza, Edmund N. 333
Mazzoni, C. 238
McAdam, D. J. jr. 289, 294, 321(5), 322(2), 333(2), 562
McArthur, W. 949
McAvoy, William H. 137
McBee, F. W. jr. 361, 363, 366
McBrearty, J. F. 900, 938
McBride, C. C. 361(2), 362
McBurney, R. S. 382(8)
McCalley, R. B. 490
McCann, G. D. 279
McCann, W. J. 796
McCarthy, Charles J. 485, 905
McClean, C. A. 681, 690
McClellan, A. 543
McClelland, E. H. 298
McClow, J. H. 640
McComb, Harvey G. jr. 203
McConville, T. W. 890
McCormack, P. H. 429
McCormick, Frank J. 90, 93, 210, 214
McCormick, T. F. 661
McCracken, Howard L. 189(2)
McCrum, A. W. 204
McCulloch, James C. 483, 909
McCullough, D. G. 657
McCullough, W. E. 699
McCurdy, Hugh R. 368
McCutcheon, Don M. 749
McCutcheon, D. R. 702
McDaniel, E. 970
McDermott, William 732
McDonald, Hugh J. 547, 558
McDonald, John C. 170, 171, 334, 356(2), 462
McDowell, C. M. 822
McElgin, James 362
McElhinney, D. M. 346
McElrath, T. jr. 687, 689(2)
McFadden, C. A. 709
McFarland, R. 836
McFarlane, L. G. 900
McGarry, F. J. 407
McGeady, L. J. 530, 597
McGee, J. C. 353(2)
McGovern, J. N. 412(3)
McGregor, C. W. 295
McGregor, N. B. 375
McGuigan, M. J. jr. 913, 914
McHargue, C. J. 367
McIntire, H. O. 566
McIntyre, D. 892
McKay, W. B. 114
McKean, Herbert B. 266, 384, 716
McKee, J. H. 374
McKee, L. B. 746
McKee, R. E. 367
McKenning, F. 358
McKenzie, K. I. 212
McKeown, J. 94, 99, 350(2), 351, 460, 461
McKinnon, P. F. 187(3), 390(2), 391(2)
McKinsey, C. R. 598, 688
McLaren, A. D. 614, 623
McLarren, R. 181, 800

M

McLaud, Eugene 416
McLaughlin, William 886
McLean, D. 350(2)
McLean, George K. 403
McLeod, A. M. 616, 643
McMaster, Robert C. 435, 601, 607, 611, 693, 748(2)
McMullen, J. J. 824
McMurrich, R. P. 747
McNicol, June A. 315
McNicholas, H. J. 432
McPherson, Albert E. 140, 201, 208, 212, 221, 229, 231, 259, 260(3), 509, 601, 630, 759, 909
McPherson, D. J. 360, 361, 371
McQuaid, Harry W. 869
McQuillin, L. A. 507
McRitchie, F. H. 362
McWilliam, J. A. 688
Mead, Lawrence N. jr. 260, 506
Meade, R. A. 950
Meadows, R. jr. 760
Meakin, K. S. 430(2), 713(2)
Meakin, M. 428
Meboldt, W. 834(2)
Mebs, R. W. 294, 321(5), 333(2), 707
Mechel, Richard 524
Meebold, Richard 92, 565, 959
Van Meer, H. P. 521, 522
Meerkamp van Embden, H. J. 656
Meerson, G. A. 359
Meewes, K. 971
Meffert, Albert 214
Megson, N. J. L. 405
Mehdorn, Walter 85
Mehl, Robert F. 305(2), 447, 455, 456, 462
Mehmel, Alfred 157, 209, 235(2), 980
Mehmke, R. 161
Mehner, Martin 248
Meier, A. 818, 820
Meier, Hans 894
Meier, J. H. 475
Meier, J. W. 358
Meier-Tondury, E. J. 823
Meikle, G. 302, 316, 338, 341, 346
Meincke, Hermann 295, 749
Meineke, F. 110
Meinel, M. P. 661
Meinel von Tannenberg, W. 719(2), 785(2)
Meiners, H. 959
Meinhardt, E. 679
Meissner, E. 249
Meissner, F. 495
Meissner, H. P. 620
Meister, F. J. 775
Meixner, J. 273(2)
Melan, Ernst 70, 73(2), 142, 147, 151, 155, 198(2), 200, 648, 973
Melaney. Ralph 706
Melcher, J. L. 445
Melcon, M. A. 231
Meldahl, A. 293, 822
Meldau, Ernst 585
Mele, Joseph J. 253
Melhardt, Hans 109, 591, 597, 608, 781
Meller, A. G. 829(2)
Mellor, G. A. 356
Mellor, H. C. 583
Melnitzky, Benjamin 667
Melton, J. O. 273
Melzer, M. 940
Melzer, R. 918
Memmler, K. 87
Mendel, L. 98
Mendelson, A. 283
Mends, D. N. 350, 461
Mengeringhausen, Max 790, 791, 836, 983
Menking, H. V. 793
Mennen, Josef 732(2)
Menyhárd, I. 478
Menz, G. 640
Merchant, M. E. 367
Mercier, M. 935
Meredith, F. W. 942
Meredith, Harlan L. 367(3), 371
Meredith, R. 84
Merkle, P. 581, 814
du Merle, G. 111
Merriam, K. G. 471
Merrick, Albert W. 654
Merrill, T. W. 309, 310(2), 684
Merriman, A. D. 364
Merriman, H. R. 75, 85
Merten, Kenneth F. 910, 911
Mertz, H. 615(2)
Mertz, H. 704
Mertz, J. C. 827
Merz, A. 375
Merz, O. 775
Mesick, B. S. 366
Meslier, R. 98
Mesmer, Gustav 101, 765(2), 769, 852, 945
Mesnaritsch, Karl 859
Mess, H. 711
Metcalf, W. 869
Metcalfe, A. G. 367

M

Methe, P. S. 361
Mettauer, G. 584
Metthey, R. 938
Mettler, Eberhard 272, 273, 274, 277, 525
Mettler, E. 565
Mettler, E. 587
Metz, H. 438
Metzer, W. 192
Metzger, M. 553
Metzger, W. 104
Metzmeier, Erwin 187, 193, 221, 224, 279
Meuser, R. B. 273
Meuth, H. O. 522, 526. 537, 539
Mewes, Ernst 136(2), 137, 941(6)
Mewes, Karl Friedrich 325, 520, 545, 841
Mey, Horst 113
Meybeck, J. 550
Meyer, Amel R. 689
Meyer, Carl-Ludwig 758
Meyer, E. 754
Meyer, Helmut 881
Meyer, H. M. 366, 371(2)
Meyer, H. R. 412(4)
Meyer, Joachim 276, 810, 811, 812, 944, 946(3), 947(2)
Meyer, John H. 760
Meyer, Kurt 750(3)
Meyer, Louis H. 84
Meyer, M. 463, 620
Meyer, P. 784
Meyer, Rudolf 851, 855
Meyer, W. 535
Meyer zur Capellen, W. 500, 936
Meyer-Christian, J. 877
Meyer-Haller, E. 488
Meyer-Rässler, Erich 335, 352, 726, 812, 813, 817, 818
Meyercordt, F. 330(2), 465, 518(2), 604, 776, 785
Meyerding, A. 188, 230
Meyerhans, Konrad 407, 427(2), 429, 620(2), 621, 623, 714, 715
Meyersberg, Gustav 329, 331, 466
Meylan, C. 814
Meynis de Paulin, J. J. 429, 620, 714
v. Meysenbug, C. M. 407, 582, 746, 799
Mialki, W. 865
Michael, Franz 136(2), 898(2), 934(10), 935
Michael, Maureen E. 349
Michaels, Leonhard 115
Michaelson, H. B. 721
Michalek, A. 97
Michalos, J. 159
Michalski, Alfred 756
Michaud, Maurice 702
Michel, R. 240
Michell, D. F. 665
Michelsen, R. 300, 307, 308
Michenfelder, C. 113
Michielsen, Hermann F. 147, 236, 486, 909
Mickel, Ernst 778, 779, 809(2), 814(3), 815, 816
Mickel, E. 605
Micklethwaite, F. 933(2)
Micks, W. R. 191, 245, 910
Micksch, Karl 87, 426
Mielentz, W. 804
Mielich, A. 849, 851, 854, 855, 856(2)
Mielke, Karl-Heinz 427
Miesel, Kurt 233
Miesse, C. C. 475
Migny, Pierre 527
Mii, H. 512
Mijling, F. H. 152, 157
Mikhalapoo, G. S. 591
Miklowitz, J. 303
Mikulak, J. 807
Miles, Aaron J. 166(2)
Miles, F. G. 898
Miles, John W. 926, 930
Miles, Thomas R. 665
Millard, A. C. 571
Millenson, Morton B. 822, 948
Miller 419
Miller, A. B. 192
Miller, A. J. 297
Miller, C. M. 420
Miller, D. F. 284
Miller, D. G. 394(2), 423, 718
Miller, Harold Blaine 111
Miller, Howard L. 784
Miller, H. O. L. 401, 402
Miller, J. 319, 320
Miller, James 762
Miller, James A. 303, 307, 342, 343(2), 344(2), 355
Miller, J. A. 169, 172, 175
Miller, Mike A. 674, 698, 840
Miller, Percy H. 81
Miller, R. 823
Miller, Roy A. 217, 254, 469, 627, 629, 639
Miller, R. C. jr. 456
Miller, R. H. 923

M

Miller, W. B. 592
Miller, William J. 429
Millett, Merill A. 403(2), 801
Millet, R. S. 636
Millies, Alfred 162
Milliken, J. 668
Millis, Keith D. 327
Mills, B. D. jr. 526
Mills, E. 554
Mills, H. R. 519, 816
Millward, H. J. 357, 359
Milner, H. L. 948
Milosvatjevitch, Miodrag 194, 196
Milwitzky, Benjamin 140, 939
Minamiozi, K. 445
Mincher, A. L. 345
Mindlin, R. D. 175, 201, 222, 278, 283, 513, 517
Minelli, Carlo 145, 905(2), 920(2), 931
Miner, M. A. 445
Minhinnick, I. T. 929
Minich, Arthur 773
Mink, O. J. 797
Minshall, R. J. 898
Minton, Willard C. 756
Mintrop, Albert 303
Mintrop, H. 763
Mischke, A. 421
v. Mises, Richard 147, 153
Misfeldt, Ch. C. 667
Mishima, Yoshitsugu 337, 886
Missier, G. 986
Mitchell, F. K. 849
Mitchell, K. W. 522
Mitchell, L. H. 169
Mitchell, O. L. 793
Mitchell, W. I. 462
Mitra, D. N. 237, 503(2)
Mitrinovitch, Dragoslav S. 257(2)
Mitsche, Roland 328, 753
Mitsuhasi, T. 575
Mittag, Martin 69, 114
Mittli, Edmund 753
Miyagawa, M. 670
Miyamoto, Hiroshi 531
Miyazaki, Hirosi 922
Mlynek, Franz 638(2)
Moakes, R. C. W. 87
Mochel, N. L. 824
Moe, A. J. 143
Moe, Johannes 233
Möbius, W. 844
Möchel, H. 482, 567
Möck 244
Möhler, Karl 264, 265(3), 269, 618, 634, 637, 638, 641
Mölbert, F. 851
Moeller, C. E. 301
Möller, Hans-Dietrich 164, 895
Möller, Hans-Georg 78
Möller, Hermann 443, 448, 451, 453, 520, 528, 529, 537, 608, 751(4), 754
Möller, Paul 886
Möller, Torsten 637
Möeller, T. F. 441
Mönch, Ernst 100, 451, 766(2), 768
Mörath, E. 380, 424(2), 425, 615, 965
Mörsch, Emil 73(2)
Moggio, Edwin M. 199, 200, 261, 482, 504, 601, 630
Mohamed, A. K. 447
Mohaupt, A. A. 204, 414, 415, 719(2), 720(2), 800, 801
Moheit, Wilhelm 148, 174, 471
Mohler, J. B. 585, 723
Mohr, Erich 337, 738, 743, 746, 771
Mohr, Fritz 142(3)
Mohr, Silvio 117
Mohrman, A. W. 405, 464
Moir, C. M. 474
Molander, E. G. 137
Moll, H. W. 405
Moll, J. 745
Molloy, E. 100
Molyneux, W. G. 772, 926
Monacelli, G. 674
Monaghan, R. J. 140
Moncrieff, R. W. 88
Du Mond, T. C. 786, 854
Mondolfo, Lucio F. 83
Moness, E. 205
Mong, Lan-Juke 909
Monica, R. E. 409
Monney, M. 894
Le Monnier, J. 831
Mononobe, N. 275
Monroe, G. M. 629, 640
Montagnon, P. E. 592, 988
Montandon, R. 595, 596(2), 597, 603
Montariol, Frédéric 552
Montgomery, E. T. 376
Monti, T. A. 523
Montoro, V. 548
Moody, E. S. 764
Moon, A. Ramsey 94, 102
Moon, H. P. 951
Mooney, M. 420
Moor, E. 865
Moore, A. A. 170

M

Moore, A. F. 356
Moore, D. C. 698(2), 699(2)
Moore, D. G. 362, 435, 440(2), 441(2), 820
Moore, E. C. 652
Moore, G. A. 305
Moore, George L. 779, 780
Moore, H. A. 967
Moore, Herbert F. 80, 89, 444, 646, 734
Moore, J. R. 949
Moore, Mark B. 80
Moore, Raymond J. 798
Moore, R. L. 170, 194, 219, 238(3) 245(2), 293, 342, 343(4), 344, 352, 355, 358, 489, 497, 498(4), 563, 567, 602, 634, 792, 854, 879(2), 975, 976
Moore, R. R. 603
Moore, Thomas E. 654
Moore, W. H. 364
Morandell, C. 488
Moraour, P. 830
Morawski, K. 734
Mordellet, R. L. 503
Mordfin, Leonhard 222, 622, 632
Morduchow, M. 201, 286
Moreland, R. E. 441
Moreland, W. J. 940
Moressée, Georges 680, 702(2), 727, 954
Morgan, Antony J. A. 215, 233
Morgan, A. W. 952
Morgan, H. E. 761
Morgan, J. B. 756
Morgan, T. 698
Morgan, W. 336, 954
Mori, Sigeru 618
Morice, P. B. 506
Morinaga, Takuichi 338, 660
Morisse, Dodo 144
Morisset, Paul 100
Morlet, E. 319, 825
Morley, Arthur 101
Morley, A. W. 822
Morley, J. J. 326
Morley, L. S. D. 140, 201, 253
Morosow, L. 895
Morral, F. R. 298
Morrell, R. S. 85
Morris 420
Morris, B. A. 272, 930
Morris, Clyde T. 114
Morris, D. P. 344
Morris, J. 153, 154, 254, 272, 480, 815, 916(2), 931, 947
Morris, J. E. 764
Morris, L. D. 590, 628, 763
Morris, Rosa M. 200
Morris, W. E. 755
Morrison, Carson F. 77, 91, 387(2)
Morrison, D. 916
Morrison, I. F. 159
Morrison, J. A. 577
Morrison, L. H. 106
Morrison, Robert S. 897
Morrisson, I. 285
Morse, A. L. 949
Morse, R. F. 222
Morse, R. W. 515
Morse, W. L. 378
Morse, William 505
Morse, W. 163, 238, 500, 933
Mortada, A. 145, 593, 604
Mortenson, C. H. 490
Morton, P. H. 364
Mosberg, R. J. 446
Moser, Frank 717
Moses, D. P. 729
Moss, C. J. 427(2), 428(2), 619(3), 620(5), 622, 623, 624, 712(3), 713(2), 714(2), 952
Moss, S. A. 944
Moss, W. Wade 362, 697
Mosskwin, N. I. 332
Mossman, Ralph W. 930
Moszynski, W. 522
Motone, Narayasu 430
Mott, B. W. 560, 750
Mott, N. F. 289(2), 324
Mott, Norman S. 325(2)
Mottet, A. L. 388
Moulton, A. E. 578, 868
Mouton, R. J. 685
Moxley, C. O. 409
Moyes, S. J. E. 508
Mraz, E. A. 624
Muckle, William 111, 171, 629, 885, 886(2), 889(3), 890(4), 892(2), 893
Mudrak, Walter 157, 282(2), 283, 472
Müffelmann, F. 748
Mühlenbruch, A. 342, 558
Mühlenbruch, Carl W. 322, 323
Mühlinghaus, A. 701
v. d. Mühll, A. 947
Müllenhoff, Adolf 70, 151, 152, 158, 263
Müller 616
Müller 818
Müller, A. 630, 709
Müller, A. 677
Müller, Adolf 975
Müller, Alfred 405
Müller, Anton 431, 615

Müller, E. 969(2), 970, 971, 972
Müller, Emil 207(2)
Müller, Ernst A. W. 101, 752, 753(4), 757(3)
Müller, Erwin 406
Müller, Eugen 485
Müller, E. W. 302, 557
Müller, Friedrich 773
Müller, Fr. 722
Müller, Fr. 586
Müller, Fr. H. 677, 682
Müller, H. 304, 444, 734
Müller, Hans 884(3)
Müller, Horst 90
Müller, H. Fr. 426
Müller, I. 426
Müller, J. 831
Müller, Joh. 615
Müller, Josef 852, 863
Müller, Josef 593(2), 594(4), 604, 680, 686
Müller, Karl Adolf 484, 486, 492, 494, 495, 500, 711, 975, 983
Müller, K. J. 829
Müller, M. A. 683
Müller, M. A. 870
Müller, M. H. 408, 797
Müller, P. 830
Müller, Paul 819
Müller, Peter 262
Müller, R. 472, 509
Müller, R. 662, 780
Müller, Reinhard 208
Müller, Roland 592, 790
Mueller, R. S. 708
Müller, Siegm. 77
Müller, W. 472, 509
Müller, W. 349(2), 606, 633(3)
Müller, W. 841
Müller, W. 755
Müller, Wilh. 207(2), 211, 212, 219
Müller, W. J. 540
Müller-Breslau, Heinrich F. B. 73(2), 269, 468, 507, 902(2)
Müller-Busse, Albrecht 551, 603(2), 698, 701, 702(2), 859, 890, 891(2)
Müller-von der Heyden, W. 519
Müller-Hillebrand, D. 830
Müller-Magyari, F. 162, 171(2), 183, 189, 190, 222, 483(2), 510, 802
Müller-Stock, Helmut 443, 450
Müllersdorf, Uku 478
Muenchow, E. 672
Muenz, Hildegard 206, 258
Münzinger, Walter Max 85, 745
Müssig, W. 856, 858, 859(2)
Mütze, Kurt 95
Muhlenbruch, Carl W. 743
Muir, Gilbert P. 672, 733
Mulders, E. M. 553
Muller, Albert 733
Muller, C. 417
Mullett, G. W. 951
Mullin, J. 948
Mullinux, N. 192
Munakata, K. 173, 175, 209, 280
Mundinger, A. 639
Mundt, Robert 579(2), 580, 584, 850
Munger, C. G. 434
Munier, Alfred E. 901
Munro, W. 940
Munse, W. H. 446, 609
van Munster, S. J. M. 796
Munzinger, F. 593, 598
Murakami, M. 236
Murakami, Y. 160
Murdock, R. W. 782
Murphey, Wayne K. 648
Murphy, Glenn 79
Murray, G. 564
Murray, William M. 89, 734
Muschard, K. 865
Musette, W. 74
Mussard, R. 620
Mussey, D. S. 867
Muster, H. 738
Mustin, G. S. 434, 721
Mutchler, Willard 321, 433, 436(2), 546, 554(3), 555
Muth, O. 640, 647
Muto, K. 271
Mutt, G. M. 296
Myers, R. H. 373
Myklestad, N. O. 284, 286
Mylonas, C. 625(2), 626, 767

Nabarro, F. R. N. 289, 303
Nacher, Alberto 685
Nachreiner, Hans 331
Nachtergal, A. 113
Nachtergal, C. 80
Nachtigall, Eduard 354, 436, 546, 833
Nadai, Arpad L. 76, 79(2), 198, 204, 207, 288, 289, 290, 291
Nadeau, J. 351
Naef, W. 828
Naeser, Gerhard 376
Nagashima, Shin-ichi 357
Nagel, Albert 846

N

Nagel, F. 504
Nagel, H. 170
Nagel, K. 699
Nagely, Forest R. 441
Naghdi, P. M. 206, 214, 220, 221
Nakada, T. 586
Nakagawa, R. 575
Nakamura, Yashuji 340, 353
Nakazawa, H. 502, 532
Naleszkiewicz, Jaroslav 267, 910
Nallinger, F. 810
Nancarrow, H. A. 408
Napier, D. H. 725
Narayanamurti, D. S. 378, 383, 386, 387, 388, 391, 402(2), 422, 424(2), 425(2), 427(3), 428, 438, 616(3), 712, 911, 912
Nardo, Sebastian V. 157, 181, 245, 252, 476, 516
Narduzzi, E. D. 841
Narmore, Phil. B. 450
Naruoka, Masao 980
Nasarow, T. N. 819
Naschold, G. 488
Nash, L. M. 749
Nash, R. R. 557
Nash, S. G. E. 695
Nash, William A. 210, 213(3), 241(2), 246
Nason, H. K. 404, 406
Natalis, Fr. 468
Nathorst, H. 559
van Natten, W. J. 613, 706, 707
Nauen, J. 886
Naujoks, Waldemar 96, 660
Naumann, Max 965
Naunton, W. J. S. 713
Nauth, Raymond 85
Nava, Luigi 328
Navarro, J. 348
Naylor, G. L. 928, 930
Neal, B. G. 146(2), 152, 153, 157(2), 158, 159
Nearn, William T. 648(2)
Nedderman, W. H. 481
Nee, John W. 433
Needham, C. H. Latimer 111
Needham, J. C. 679, 688, 697, 698
Needham, Robert A. 484, 485
Neemes, J. C. jr. 328, 818
Neerfeld, Helmut 453, 520, 528, 529, 537, 751(3)
Neesen, Arthur 137(2)
Neff, John jr. 174, 188
Nefzger, J. 108
Negoro, Shôsaburo 153, 165
Nègre, J. 98
Nehl, Franz 304, 608, 690
Nehrenberg, A. E. 306, 309
Neifert, H. R. 734(2)
Neiss, Fritz 966
Nelander, E. 636
Nelson, B. J. 551, 557
Nelson, Carl W. 234, 255, 492
Nelson, David H. 200, 255, 489
Nelson, F. G. jr. 603
Nelson, Herbert C. 926, 927
Nelson, John H. 265
Nelson, K. E. 359(2), 463
Nelson, Paul G. 739
Nelson, R. L. 698
Nelson, William 436(2), 554, 931
Neményi, P. 218, 495, 504
Nemitz, Paul 709
Nenweiler, N. G. 755
Neou, I. M. 181, 183
Nepper, M. 299, 563
Neppiras, E. A. 707(2)
Nesbitt, L. B. 368
Ness, N. 511
Neth, A. 748
Nettmann, P. 561
Neuber, Heinz 90, 168, 183, 219, 223, 225, 232, 233, 238, 247, 258, 275, 472, 473, 479, 504, 506(2), 528(4), 531, 765, 802, 836
Neubert, H. 285, 815(2), 947, 948
Neubert, M. 208(2)
Neuenkirchen 678
Neufert, Ernst 115(2), 966
Neugebauer, F. 808
Neugebauer, F. J. 817
Neugebauer, Gerhart H. 106, 813
Neugebauer, Rudolf 153
Neuhaus, Werner 577, 686
Neukirch, E. 844
Neukirch, H. 470, 508, 972
Neumann, Alexis 592, 610, 672, 723, 895
Neumann, Friedrich Wilhelm 659
Neumann, Heinz 680
Neumann, J. A. 703
Neumann, J. H. 98
Neumann, Rudolf 982
Neumann, U. 956
Neunzig, Heinrich 544, 726, 875
Neuschäfer, W. 825
Neusser, Herbert 84, 391, 716

N

van der Neut, A. 171, 174, 193, 195, 196, 244, 247, 260, 473, 497, 509, 904, 907(3), 908(4), 932, 936
Nevard, E. H. 384(4)
Neville, Leslie E. 111
Nevitt, C. R. 761
New, J. C. 840
Newall, R. J. 395, 423, 618, 625(2), 626
Newell, G. S. 715
Newell, Joseph S. 112, 243, 259, 898, 899
Newhouse, Paul D. 717
Newiger, W. 764
Newlin, J. A. 267(2), 269, 379, 380, 643, 743, 803, 903, 907
Newman, D. P. 533
Newman, Sanford B. 288
Newmark, N. M. 168, 172, 244, 253, 446, 475, 498, 521, 599, 610(2)
Newton, K. 110
Newton, R. E. 286, 478
Neymann 862
Nicaise, A. 858
Nichols, H. J. 733
Nichols, W. 386, 390, 714, 797, 873
Nicholls, W. 308, 586
Nichus, K. H. 821
Nickelsen, D. 986
Nicolai, E. L. 485
Nicolaus, H. O. 361, 362, 364
Nicolini, W. 544
Nielsen, Andreas 404, 410
Nielsen, J. 476
Niemann, Gustav 104, 455, 584, 587(4), 589
Niemann, H. 885
Niemann, H. R. 895
Niermeyer, H. 585, 587, 640, 822
Niess, W. 657(2)
Nietzolds, O. 542
v. Nieuwkoop, J. 748
Nightingale, J. 939
Nijhawan, B. R. 298, 723
Niles, Alfred S. 112, 148, 157, 186, 200, 241, 472, 473, 483, 485, 529
Niles, Donald E. 474(2), 631
Niles, K. B. 437
Nilsson, Erik 213
Niordson, F. I. N. 215, 517
Nippes, Ernest F. jr. 597, 675, 687
Nisbet, J. D. 377
Nishihara, Toshio 446
Nishikiori, Seiji 300
Nishioka, K. 448
Nishiyama, Zenji 357
Nissen, Oskar 244, 898, 916
Nito, Mosu 355
Nitsche, Rudolf 101, 404, 405, 406, 410(2), 411, 419, 422, 736(2), 744, 746(2)
Nitzsche, W. 540
Nixon, F. 808
Nizery, A. 737
Nock, J. A. jr. 345, 347, 552(2), 795
Nodzu, Ryuzaburo 617, 618
Noel, Robert G. 177(2), 222
Nölke, Kurt 166
Nolan, M. J. 733
Nolde, G. V. 576
Noll, G. C. 90, 298, 521, 530, 537
Nollau, H. 248, 258
Nolle, A. W. 625
Noltingk, B. E. 707
Nordmark, G. E. 610
Norén, Bengt 644(3), 746
Norén, Tore 598, 687(2)
Norman, C. A. 106
Norr, Artur 211(2)
Norris, Charles B. 178, 179(2), 180(2), 183, 184(2), 185(4), 197(9), 217(2), 218, 222(2), 227, 231(2), 241(2) 246(2), 266, 381, 390(5), 391(3), 413, 414, 767, 801(3), 802(2), 910
Norris, C. H. 75, 172, 480
Norris, G. M. 447, 646
Nortcliffe, J. 738
Northcott, L. 308, 332, 373
Northcott, P. L. 626
Northup, M. S. 612
Norton, J. D. 595
Norton, J. T. 752(2)
Norton, Newall A. 648(2)
Nothelfer 388
Nöthmann, G. A. 278(2)
Noton, B. R. 262, 913, 914(2)
Notthoff, K. 959
Nova, David 708
Novak, Alexander 185
Novelli, P. 413
Novotny, K. 585
Novotny, O. 832
Nowacki, W. 216, 504
Nowak, Alfred 383, 398, 438
Nowak, Paul 833
Nowick, A. S. 294
Nowinski, J. 495, 502, 512
Nübling, O. 585
Nückel, F. 723
von der Nüll, W. T. 108, 813, 825
Nürnberger, H. H. 841, 842

Nüßlein 224
Nuovo, M. 756
Nural, J. 498
Nurse, T. J. 775
Nussbaum, A. I. 952
Nutt, D. A. 824
Nuttall, H. 501
Nuttall, R. W. 987
Nye, B. E. 686
Nylander, Henrik 172, 206, 486, 499

Oaks, J. K. 207, 801, 933
Oates, J. A. 946
Obata, J. 946, 947
Ober, Shatswell 105, 111
Oberbach, Karl 704
Oberg, T. T. 747, 946
Oberhoffer, Paul 297
Obert, Franz 155
Obinata, Ichiji 337, 657
Obraczay, R. 158
Obrebski, John 734
O'Brien, H. L. 250(2)
Obrzut, J. J. 709
Ochiltree, David W. 195. 634
Ochiltree, N. A. 759
O'Chou, Chang 187
Ochs, H. 443, 561(5), 562(4)
Odley, E. G. 208
Odqvist, Folke K. G. 192, 193, 247, 304, 466, 804
Oechslin-Bucher, H. 565
Oeckl, O. 662, 950(3), 951(2)
Øgland, N. J. 396(2), 398, 714(2)
Oehler, A. 325
Oehler, Ernst 78
Oehler, Gerhard W. 92, 101, 102, 563, 574, 575, 576, 658, 664(5), 665, 667, 669, 670, 738, 771, 777
Oehler, I. A. 364(2)
Oehlmann, H. 951
Øhmann, Einar 352, 355
Oehmichen, Manfred 828
Oelert, W. 894
Oertel, F. 842
Oertli, H. 731
Øry, H. 269
Oeser, Konrad 577, 804, 866
Oettel, Rudolf 451, 646, 785
Offenhauer, C. M. 313
Offner, Gertrud 758
Ogburn, Fielding 548
Ogden, H. R. 362(2), 366, 367, 370, 371
Ogden, J. 679
Ohasi, Yosio 217
Ohira, H. 226
Ohl, F. 422, 791, 835
Ohlendorf, H. 791, 960
Ohlig, Rudolf 209, 212, 219, 263, 976
Ohman, Lachlan 202, 203
Ohse, G. 401
Oikawa, Takashi 833
O'Keefe, Philip 326, 346, 786, 803
Okubo, Hajimu 178(2), 201, 213, 216(3), 235, 445, 500(3), 502(2), 531(3), 532(2), 533, 537, 760
Okubo, S. 164, 210
Okura, Atsubumi 948
Oldberg, S. 815
Oldenburg, G. 663
Olinger, Stanton T. 706
Oliphant, J. B. 588
Oliphant, W. J. 405
Oliphint, J. B. 500
Oliver, D. A. 309, 317
Oliver, H. 914
Olleman, R. D. 743
Olms, J. 389, 407, 422, 949
Olms, L. 432
Olsen, Gerner A. 80
Olsen, Hugo 76
Ölson, E. H. 817
Olson, L. G. 266
Olson, W. Z 427, 618, 621, 623
Omelka, L. V. 346
Onat, E. T. 479(2), 512
O'Neill, Albert J. 388, 401, 402
Onishi, Sh. 541
Onitsch-Modl, E. M. 750
Oomori, Yukie 914
Opinsky, A. J. 291
Opitz, Herwart 585, 586, 652
Oppel, G. 578, 765, 945
Oppenheim, Rudolf 323
Oppitz, Alfred 106, 827
Oravas, Gunhard 233, 249, 258
Orazem, A. J. 780(2)
Orem, T. H. 550, 556
Orloff, G. 938
Orlowski, P. 91, 100
Ormondroyd, J. 272
Ornitz, M. N. 377
Orowan, E. 291, 538
Orr, Raymond L. 292
Orth, Hans 86
Ortheil, Johannes 758
Orton, George W. 550, 560(2)
Orton, L. H. 697, 698

Orton, R. E. 766
Oschanitzky, H. 807
Oschatz, H. 443, 518(4), 534(2), 567, 804, 808(2), 815
Oservenyak, F. J. 360
Osgood, William R. 233(2), 237, 257, 258, 343, 478, 480, 482, 489, 511
Osinga, J. R. 858
Oskarson, V. 893
Oßwald, Eugen 335, 459, 460, 558, 691(2), 751(4)
Ostenfeld, C. 73
Osterman, J. 636
Ostermann, G. 794
Ostermann, W. 579
Osterspey, J. P. 536
Osterwald, R. 714
Ostreicher, Friedrich 591
Oswald, Erwin 159
Oswald, M. 364
Otey, N. S. 495
Ott, G. H. 434
Ottenheym, Konrad 416
Otto, Gerhard 112(2)
Otto, K. 137
Otto, K. 846
Otzen, Uwe 577
Overhoff, Th. 961
Owen, E. A. 344
Owen, J. B. B. 154, 162, 522, 905, 906
Owen, R. H. 954
Owens, A. J. 202
Oxford, C. J. jr. 673
Oyler, Glenn W. 698

de Paauw, D. 434
Pabst, Franz 86
Pabst, O. 565
Pabst, Wilhelm 135(2), 136, 940
Pachera, Karl 332, 375
Pack, D. C. 513
Packman, D. F. 378
Paddon, J. W. 616
Paetzoldt, M. 113
Paffett, J. A. H. 767, 890
Page, Henry 728
Page, R. N. 833
Page, Sidney F. 100, 110
Page, W. A. 445
Paglialunga, L. 850
Pagonis, George A. 334
Pai, S. I. 909
Paige, H. 364, 438
Pailloux, Henri 257, 515
Painter, G. W. 421, 465
Paisley, H. M. 430
Pajak, T. P. 801, 802
Palazzi, A. 311
Palchoudhuri, A. 448
Paliwoda, E. J. 305
Palm, J. H. 289(2), 304, 532, 747
Palmaer, Eva 556
Palmblad, E. 469, 540
Palmer, E. D. 617
Palmer, K. B. 331, 457(2)
Palmer, P. J. 502
Palmer, P. S. 856
Palmer, T. J. 707
Palmgren, Arvid 93, 582, 584
Palmgren, Hans 419
Palotás, L. 163
Palsulich, J. 582
Pamfiloff, A. V. 514
Pancu, C. D. P. 140
Pancu, O. D. P. 273
Pande, J. N. 387, 391, 422, 427(2), 438, 616
Pandfiris, A. R. 782
Panek, E. 719
Panlilio, F. 792
Pannell, Ernest V. 356, 873, 876
Panseri, Carlo 83, 102, 334, 348, 553, 562
Panshin, A. J. 83
Pao, Yoh-Han 291(2), 408, 409, 467, 493
Papen, George W. 651, 661, 662, 786(2), 953
Papsdorf, W. 441
Parcel, John I. 73
Parcel, R. W. 364, 367
Paret, Richard E. 323, 324
Paria, G. 216
Parina, John jr. 434
Paris, Paul C. 480(2)
Park, F. R. 569
Parker, F. H. 621, 714(2), 715(3)
Parker, Frank C. 756
Parker, Harry 77, 114, 115
Parker, R. J. 762
Parkes, E. W. 493, 913, 914, 988
Parkins, R. N. 559, 656
Parkinson, H. 567, 568
Parkus, H. 235(2), 249, 257, 529, 530, 816, 817, 948
Parkyn, Brian S. 416
Parlanti, C. A. 655
Parris, W. M. 367(2)
Parry, E. 555

Parsons, G. B. 390, 415
Partridge, G. B. 96
Pascaud, C. 363
Paschoud, J. 214, 492
Pascoe, K. J. 752
Pasternak, P. 212, 236, 247
Patel, Sharad A. 484
Paterson, D. G. B. 373
Patin, H. 654
Paton, C. P. 338
Paton, Cl. R. 866
Patrie, Jos. 722
Patronsky, L. A. 410
Patterson, W. 327, 546
Patton, T. L. 660(2)
Patton, W. G. 435, 673, 868
Paul, B. H. 383, 390(2)
Paul, D. A. 238, 293, 342, 346, 497, 498
Paul, R. 840, 892
Paul, Ralph G. 660
Paul, Theodor 151
Paul, Werner 411
Pauschardt, H. 544
Pavlik, B. 276
Paxton, H. W. 315
Payne, C. R. 422
Payne, J. H. 260
Payntor, C. A. 589
Payson, Peter 309
Pearce, E. S. 582
Pearce, J. G. 327, 330
Pearsall, C. S. 706
Pearson, B. M. 566
Pearson, C. E. 168, 476, 559
Pearson, G. E. H. 427
Pearson, R. G. 378
Pearson, S. 182, 410, 565, 644
Peaslee, Robert L. 707
Peattie, K. R. 211, 220
Pechman, Alexander 435, 442
Peck, E. C. 665, 746
Peck, William C. 135, 934(2)
Pecnik, F. 682
Pedersen, Axel V. 270, 616
Peebles, A. A. 301
Peery, David J. 112
Peise, W. 264
Pekelsma, R. E. 282
Pekol, Th. 878
Pelletier, L. 675, 699(2)
Pellew, A. 199, 272
Pellini, William S. 329(2), 331, 599, 603, 612, 688, 690(2), 699, 743
Pelon 81
Pelzel, E. 348, 584
Pendleton, J. 601, 602(4), 694, 695, 696
Pengelley, C. D. 916
Pennther 922
Penther, H. 859
Pentz, P. G. 391
Peoples, R. S. 552
Peppe, K. W. 620
Pepper, K. W. 412
Pepping, R. A. 930
Peppler, W. 760
Percival, A. L. 607
Percival, E. 898
Percival, L. C. 693
Perdue, J. 939
Perelle, C. W. 951
Perem, E. 745
Peres, E. M. 362
Perkins, F. C. 365
Perkins, George 794
Perktold, Franz 547
Perkuhn, H. 407, 411(2), 414
Perret, H. 580, 581(2), 583, 584(2)
Perret, R. 96, 102
Perriches, A. A. 936
Perrin, F. 73
Perrone, Arrigo 551, 833, 970, 986
Perrone, N. 222
Perry, C. L. 213
Perry, E. J. 529
Perry, Harry Wilkin 813, 823, 951, 953
Perry, Thomas D. 84, 87, 387, 389, 394(4), 395(5), 396, 404, 422, 423, 425, 426, 427, 572, 617, 623, 637(2), 665, 713, 714, 715(2), 717, 799(2), 896
Perryman, E. C. W. 559(2), 560
Person, P. 939, 940
Persoz 746
Perthen, Johannes 101
Pertusini, Raimund 894
Pesak, F. 665
Pesak, Frank J. 662
Pestel, Eduard 165, 280, 502
Petch, M. K. 555, 724
Petch, N. J. 291
Petchey, D. W. 690
Peter, August 659
Peter, Georg 566
Peter, L. 976
Peter, Walter 302
Petermann, Hans 270, 381, 626, 744
Peters, R. 715
Peters, Roger W. 240, 290, 512, 913
Petersen, A. H. 362, 674, 779
Petersen, Cord 287, 444, 457, 522, 531, 538(2), 737, 751

P

Petersen, James P. 246
Petershagen, H. 888, 889
Petersohn, E. 921
Peterson, F. G. Eric 288
Peterson, James P. 186, 195(2), 196, 261, 505
Peterson, R. E. 90, 445, 526, 536, 807
Peterson, R. R. 825
Peterson, R. W. 719
Petersson, O. 512
Petersson, S. 517
Petit, J. M. 620
Petracchi, Gernando 559
Petrak, Franz 836
Petrenko, S. N. 239, 507
Petrequin, P. 567, 568, 569, 662
Petri, H.-G. 342, 346, 549
Petri, Otto 259, 330(2), 789
Petri, R. 722
Pettersson, G. 398
Pettersson, O. 222
Pettifor, Caroline B. 384(4), 429
Pettit, G. 686, 699
Petz, Albert 401, 426, 428, 715, 719
Petzold, Armin 438
Petzold, L. 898
Petzold, W. 850, 862, 984
Petzoldt, L. H. 785
Peukert, Heinz 408(2), 409(2), 704(4), 717, 797
Pfaff, W. 144
Pfannenschmidt, C. W. 778, 779
Pfau, H. 813
Pfeiffer, F. 738, 744
Pfeil, L. B. 296, 319, 332, 455, 888
Pfender, Max 288, 291, 445, 536, 599, 679, 748
Pfenniger, H. 820
Pfestorf, G. 101
Pfister, F. 435
Pfisterer, Henry A. 115
Pfleiderer, Carl 108(2), 829
Pflüger, Alfrich 76(2), 162, 189, 232, 248(2), 249(2), 256, 283, 477, 478, 504, 944(2)
Pflug, E. 844
Pfuhl, Karl-Heinz 960
Phebus, R. L. 322
Phelps, G. M. 196
Philbrick, G. A. 822
Philipps, Arthur L. 691
Philipps, R. S. 113
Philips, H. 854, 863
Philips-Burt, D. 111
Phillips, A. 510, 512
Phillips, C. E. 454(2), 461, 538(2)
Phillips, E. M. 202(2), 826
Phillips, Garnet P. 331
Phillips, R. S. 616, 643(3)
Phillips, S. H. 725
Phillips, V. A. 348
Phinney, Hartley, K. 626
Pian, R. H. J. 489
Pian, Theodore Hsueh-Huang 255, 274, 286, 628, 938
Piatti, L. 549
Pichler, Otto 212
Picket, Gerald 166, 210, 214, 233
Pickles, J. 820
Pieler, L. 643
Pier, G. 553
Pierce, Harold B. 138
DePierre, Vincent 352
Pierson, J. D. 139
Piesing, E. F. 797
Pietrokowsky, P. 345
Pietsch, E. 83(3)
Pigeaud 80
Pike, D. V. 792, 793, 795, 967
Pike, E. J. 965
v. Pilgrim, Max 642, 643
Pilia, Frank J. 675(2), 676(3), 685, 688, 696, 699, 868
Pilkington, V. W. 868
Pilling, Norman B. 327, 547
Pillow, Maxon Y. 665
Pilny, Hermann 481
Pimenoff, C. J. 976, 977(2), 978
Pinczon, J. 210
Pines, S. 170
Pinkel, B. 514
Pinkel, R. H. 571, 640
Pinkerton, H. L. 720
Pinkney, H. F. L. 927
Pinner, R. 541, 725, 726, 727(3), 730, 731
Pinten, Peter 797
Pinto, E. H. 87
Piper, R. W. 668, 798
Piper, T. E. 346, 357, 660, 752, 783, 900
Pipes, L. A. 272(2)
Pippard, Alfred J. S. 101, 114, 231, 234, 243, 261
Pirard, A. 101, 499
Pirkl, J. 761
Pirlet, J. 73(2)
Pischinger, A. 276
Pischke, H. 704(2)
Pister, K. S. 495
Pistor, J. 898, 988

Pitkin, W. R. 375, 826
Pitler, R. K. 361
Pittner, E. 491
Piwowarsky, Eugen 80, 81(3), 325(2), 327(3), 328, 330, 351, 544, 657, 662
Place, S. W. 411(2)
Plankenhorn, W. J. 456
Plantema, F. J. 140(2), 181, 182(2), 184(4), 185, 192, 229, 234(3), 247, 260, 467, 472, 480, 481, 497, 521, 522, 624, 635, 772, 801, 900, 908(4), 932, 936
Plass, H. J. jr. 478, 492
Plath, Erich 87(2), 94, 395(2), 424, 431(2), 618(2), 713, 715, 746, 903
Plato, G. 273
Plattner, Fritz 545, 662
Pleijel, A. 276
Pleines, A. 110
Pleines, Ernst Wilhelm 429, 620, 622, 629(2), 630, 632, 635(2), 655, 663, 668(2), 709(4), 710, 711(2), 715, 717, 779, 900, 901, 951, 954, 980, 982(2)
Pleva, O. 777
Plock, C. H. 709
Plock, G. H. 449
Plöschinger, R. 702
Plomley, K. F. 424, 428
Plumley, Stuart 96, 98
Plummer, Fred L. 836
Plummer, L. 840
Plumridge, Tom C. 106, 110
Plunkett, R. 948(2)
Poboril, F. 513
Pochop, F. 190, 194
Pocock, P. L. 686
Podorozhny, A. A. 200
Poe, Charles F. 548
Pöpperl, F. 575
Poertner, H. G. 766
Pöschl, H. 93
Pöschl, Theodor 90, 109, 146, 212, 239, 274, 282(2), 444, 470, 495(2), 527, 811
Pötter, Heinrich 101, 331
Poetto, P. G. 700
Poggio, J. A. Garcia 341
Pogodin-Alexeyeff 514
Pohl 155
Pohl, E. 749
Pohl, K. 254, 972
Pohle, F. V. 218, 235, 914
Pohlhausen, E. 281
Pohlman, Reimar 749, 754(2), 756(4)
Polaczek, Karl 113
Polakowski, N. H. 305, 448, 658, 669
Poletika, N. V. 423, 431, 716, 886
Pollack, A. 726(2)
Pollaczek-Geiringer, Hilda 147, 161
Pollard, H. J. 562, 786(2), 903(2), 904, 930, 931
Pollard, H. V. 454, 457
Pollitt, C. A. H. 949
Pollmann, E. 820, 821
Polmanteer, K. E. 420
Pólya, George 500
Polychrone, D. A. 172
Polzin, M. H. 770, 869
Pomeroy, Laurence 873(2)
Pomeroy, L. jr. 935
Pomey, Jaques 739, 775
Pomp, Anton 92, 297(2), 298, 304, 306, 307(2), 310, 317(3), 318, 449, 450(3), 451(2), 452, 453(2), 457, 514, 537, 573, 574, 575(2), 632, 667, 737(2), 738, 739, 746, 749, 936
Pond, Ronald F. 722
Ponick, Ernst 834
Ponomarew, S. D. 215
del Ponte, P. 569
Poole, J. R. M. 965
Poole, Lorin K. 688, 690
Poole, R. 814
Poole, S. W. 302
Pope, J. A. 298, 303, 446, 513
Popoff, A. 537, 749
Popov, E. P. 490, 491(2), 738
Popp, Camillo 156, 977, 980
Popper, F. 421
Poppinga, Reemt 93
Porger, Viktor 898
Porter, F. C. 551
Porter, J. 731
Portevin, Albert 334, 679
Portier, H. 142, 627, 633, 778
Possner, L. 807(2)
Post, C. P. 324
Postel, K. I. 950
Postelnek, W. 421
Postweiler, Reinhart H. 644
Potaszkin, R. 308, 310
Potemkine, V. 655
Potter, E. F. 685
Potter, Morgan H. 98(2)
Potyrala, A. 895
Pouillot, A. 73
Poulignier, J. 675, 744
Poulin, P. 854
Poulsen, C. M. 898, 932
Poulsen, S. C. 952(3)
Pounder, C. C. 106
Poupitch, O. J. 949

P/Q

Pourbain 106
Pourbaix, M. 541, 542
Povey, H. 715, 953(2)
Povse, Th. 599
Pow, J. M. 310
Powell, J. F. 419
Power, George E. 387, 414
Powers, Paul O. 87(2), 407
Poynter, James W. 314
Pozzati, Piero 209
Pradeau, Raoul 359
Prager, William 78, 146, 160(2), 175, 202, 203, 205, 215, 240, 267(2), 282(3), 287, 289(3), 443, 466(2), 475, 505, 511, 771
Prakash, V. 552
Prasad, B. N. 383
Prasse, W. 578, 861(2)
Prati, Anna 557, 819
Pratt, R. W. 977
Pray, H. A. 552, 556
Prechtl, O. 807
Preiswerk, E. 426, 427(2), 428, 430, 614, 619, 620
Preiswerk, M. 830, 831
Prenzlow, Curt 73, 143
Prescott, J. 627
Preß, Heinrich 980
Press, Harry 901
Preston, D. 319
Preston, H. H. 373
Preston, R. St. J. 435, 773
Preston, Stephan B. 388, 395, 617
Preti, E. 940
Pretschner, Walter 136(2), 137, 485(2), 772
Preuß, Ernst 527(3), 956
Preuß, M. 651(2), 869, 875(2), 876(2), 877
Prévot, Pierre 713
Prévot, R. 986
Pribram, E. 226
Price, E. G. 298
Pride, Richard A. 172, 173, 475, 495
Prier, Erich 856
Pries, Heinrich 524
Prieser, W. 402
Priesmeier, Alfred 180, 197
Priest, H. M. 781
Pringiers, P. 851
Prinzing, O. 889
Priolo, D. 976
Pristl, Ferdinand 957
Privoznik, L. J. 598
Prizeman, R. 481
Pröll, A. 431(2), 432(3), 902
Promisel, D. M. 721
Promisel, N. E. 360, 721
Prosser, Stanley B. 316
Prot, E. Marcel 445, 454, 747
Provenzali, P. 702
Proworow, A. W. 656
Pruger, T. A. 324
Pryor, M. G. M. 391(2), 409, 617(2)
Pryor, M. J. 438
Prytherch, W. E. 82
Prytherel, W. E. 355
Pubellier 959
Pucher, Adolf 76, 206, 208(2), 219, 961
Puchner, Ondrej 526, 538, 539, 761
Püngel, W. 325, 564, 565, 740
Püschel, J. 731
Püttner, H. 778
Puffer, S. R. 826
Pugh, S. F. 331
Pugsley, Alfred G. 73, 76, 138, 195, 474, 475, 484, 500(2), 901, 905, 915, 920, 921, 922, 931
Pugsley, Grenville 143
Pullen, W. J. 185, 800(2), 801
Pummerer, Rudolf 88
Pumphrey, W. I. 81, 338, 347, 352, 602, 603, 696, 699, 701, 703
Pungs, Leo 402
Purcell, J. 370, 373
Purchas, J. G. 688
Purday, H. F. P. 106
Puritz, Friedrich 985
Purusbotham, A. 911
Pusch, A. 853
Pusch, R. 299
Puschner 956
Pusey, B. B. 417
Puttick, E. B. 908
Puwein, Max Georg 154(2), 155, 277(2), 471, 472
Puzak, Peter P. 599, 743
Puzicha, Wilhelm 302, 310, 739, 743, 965
Pyles, R. 813
Pyszka, A. 896, 897(2)

Quaass, S. T. 723
Quack, R. 841
Quackenbos, H. M. 406
Quackenbos, H. M. jr. 410, 745
Quadt, R. A. 549, 654, 661, 662
Quantz, Ludwig 103, 104, 785

Quessel, W. 916, 921, 922, 923
Quest, H. 496
Quick, A. W. 230
Quinn, Thomas S. jr. 654

Raab, Karl 859
Raabe, W. 598
Raadgever, J. 364, 869
Rabald, Erich 91, 436, 544
Rabenschlag, H. 661
Rabisch, R. 249, 257
Rabinovicz, A. 316
Rabinowicz, E. 371
Rackwitz, Erich 543(3), 554, 772
Rackwitz, Gerhard 401, 403, 430(2)
Raczat, Günter 158
Radcliffe, F. 897, 952
Radelfahr 644
Radojković, Marko 149
Radok, J. M. 283
Radok, J. R. M. 192, 198, 244, 268(2), 275, 899
Radomski, B. 259, 470, 471, 983
Radtke, S. F. 362
Radzimovsky, E. 95
Rädeker, Wilhelm 316, 550, 562, 743, 841
Raethjen, P. 135
Rafel, Norman 200, 228, 229, 230(2), 414
Raffo, Mario 549
Raher, W. 486, 510
Rahn, L. F. 745
Railton, C. L. 699
Raimondi, A. A. 583, 584
Rainbow, H. S. 829
Rainey, Ruby A. 927
Raisch, Erwin 966
Rait, J. R. 315, 319, 320
Raithby, K. D. 140, 912
v. Rajakovics, Emil 342, 343, 459, 545, 569, 600, 630, 633, 635, 691, 813
Rakosnik, Ottokar 156
Rakowski, L. 555
Ralston, O. C. 360
Ram, G. Janaki 512
Ramamritham, S. 184, 255, 803
Raman, P. N. 832
Ramberg, Walter 140, 169, 175, 188, 208, 212, 238, 259, 260(2), 343, 483, 509, 601, 630, 925, 945
Rambol, B. J. 156
Ramke, W. G. 797
Ramm, Hermann 114
Ramsdale, H. A. 566
Ramser, E. 835
Ramsey, L. B. 89
Rand, Thorkild 167, 201, 224, 907, 911
Randall, M. 739
Randle, K. C. 731
Ranganathan, V. 427, 911
Rankin, A. C. 611
Rankin, A. W. 240
Rankine, J. 762
Ranov, T. 569
Ransom, J. T. 455, 456, 747
Rao, A. Kameswara 184, 803
Rao, A. R. S. 566
Rao, C. V. Joga 211
Rao, G. V. R. 242, 477, 484
Rapatz, Franz 81, 307, 739
Rapp, Reinhold 710
Rapp, G. M. 969
Raring, L. M. 828
Rasche, H. 876(2)
Rasmussen, B. H. 476
Raspass, F. W. 959
Rasper, L. 958
Raßweiler, G. N. 754
Rastedter, Eckehard 158
Rathbun, John Charles 151, 627
Rathmann, Fritz 749
Rathsmann, E. 881, 958
Rattayya, J. V. 211
Ratzersdorfer, Julius 90, 147, 153, 269(3), 493, 498, 507, 902(3)
Raub, Ernst 459, 724
Rauh, K. 834
Rauhut, H. U. 80
Raunecker, Helmut 381
Rausch, E. 866
Rausch, Werner 658, 723
Rauscher, Manfred 915(3), 919
Rautenberg, W. 852
Ravard 853
Rave, H. G. 720
Ravery, Michel 298, 311, 319
Rawcliffe, A. G. 373
Rawdon, Henry S. 436, 543, 554, 557
Ray, P. M. 926
Rayburn, F. M. 673
Raymond, Walter A. 720
Raymond, K. L. 556
Raynor, G. V. 365
Rea, J. B. 942
Read, W. T. 505
Readey, W. B. 160
Rebhun, F. E. 976

R

Rechtlich, Arved 592(3), 790
Reckling, K. A. 281, 283
Recknagel, F. W. 584
Rectanus 707
Rectenwald, R. L. 756
Reding, J. N. 363
Redfern, Donald V. 714
Redshaw, L. 885
Redshaw, S. C. 225(2), 631
Redwine, D. A. 777
Reebel, Dan 668
Reece, Philip O. 270, 383
Reed, Warren D. 241
Reed, Lewis B. 657
Reedy, J. F. 433
Reeman, J. 826
Rees, H. S. 935
Rees, W. P. 314, 559
Reese, D. J. 324
Reese, H. 586
Reeve, L. 688
Reff, E. R. 188
Regelsberger, Friedrich 83
Regensburger, Josef jr. 566(2), 567
Regier, A. A. 927
Regimbal, M. 73, 74
Regler, Fritz 444, 610, 751
Regnauld, P. 515
Rehberger, G. 897
Reich, R. A. 684
Reichard, E. C. 549
Reiche, H. 622(2)
Reichel, W. 641
Reichel, K. 691
Reichert, P. 141, 957
Reicherter, Karl 740
Reid, David G. 185, 801, 802
Reid, J. S. 383
Reidemeister, Fritz 648, 845(2), 846(3), 848(3), 850, 851(3), 852, 862, 867, 956, 968, 971
Reimann 523, 581
Reimbert, E. P. M. 747
Reimer, Georg 570
Reimer, Ludwig 753
Rein, E. 985
Rein, W. 468
Rein, Willi 377, 382, 386, 417, 529
Reinecke, J. O. 798
Reinecken, Walter 739
Reiner, M. 496
Reiner, Stefan 420
Reinfeld, H. 729
Reinhard, C. E. 720
Reinhart, F. M. 367, 550, 553, 556, 557
Reinhart, F. W. 391, 404, 405, 407, 411, 426(2), 429, 713, 796
Reinhold, Jean 849, 858, 859, 862, 957(2), 958, 959
Reinig, A. 149
Reininger, I. H. 731
Reininger, Hans 88, 460, 678, 731(2), 732(4), 869
Reinitzhuber, Fritz 76, 263, 282(2), 471, 472, 473, 478, 479, 488, 906, 907, 972
Reintscher, W. 304, 530
Reiprich, Johannes 83, 437, 887(3), 894, 895, 968
Reismann, Herbert 173, 198, 214, 215, 220, 926
Reiss, E. L. 173
Reisser, S. M. 781, 976
Reißner, Eric 195, 205(2), 212, 213, 216, 217, 218, 220, 223, 225, 228, 233, 235, 237(2), 241, 242, 247(3), 248, 249, 251, 256, 259(3), 260, 386, 479, 491, 499, 501, 504, 925
Reissner, Edgar 403
Reißner, H. 165, 173, 178, 201, 212, 218, 224, 234, 276, 507, 527, 902
Reissner, H. J. 499
Reiter, Max 850, 860(3), 864
Rekittke, H. 639
DeRemer, J. E. 823
Remmers, Karl 889
Rempes, P. E. 376
Remy, Gilbert 734
Renbarger, J. L. 284
Rendulic, L. 485
von Renesse, H. 80, 773
Renfordt, H. 958, 959(2)
Renglet, J. 855
Reniger, V. 318, 823
Renner, Kurt 355, 553, 700, 702, 794, 887, 981
Renner, O. 677
Renollaud, G. 939
Renon-Changarnier, Ch. 349
Renz, M. 879, 936, 937
Repenning 647
Repko, A. J. 360, 442
Reschke 552
Resinger, F. 164
Resow, H. 326
Rethel, W. 781(2), 932
Rethwisch, F. B. 438
Rettew, H. F. 629
Rettig, Heinrich 969
Reusch, John J. 171
Reussner, A. 138

Reutersward, C. A. 861
Reuther, H. G. 856
Reutlinger, G. 846, 972, 980
Reutter, E. 232
Reutter, F. 182
Revell, J. D. 178
Revuelta, A. 701
Rex, R. L. 860
Rexworthy, D. R. 73, 76
Reynal, Camille 93
Reynolds, E. A. 694
Reynolds, E. E. 309, 312, 317, 324, 821
Reynolds, M. B. 755
Reynolds, T. 368
Rhines, T. B. 948
Rhode, Richard V. 137, 239
Ribnitz, W. 139, 908(2)
Riboud, P. 861
Ricard, J. 312
Ricard, J. P. 892
Ricardo, Harry R. 106(2)
Rice, G. E. H. 261
Richard, F. 854, 855
Richard, Kurt 293, 310, 317, 318, 320, 467, 585, 586, 588(2), 739
Richard, M. J. 690
Richard, Ubaldo 278
Richards, A. D. 494
Richards, C. Andrey 438
Richards, D. G. 453, 907
Richards, G. W. 663
Richards, John T. 575
Richards, T. Ll. 333, 336, 350
Richardson, H. 897, 901
Richardson, H. C. 940
Richardson, H. H. 866
Richardson, Henry M. 86, 405
Richardson, N. R. 949
Richardson, W. H. 548
Richart, F. E. jr. 452, 460, 521
Riches, J. W. 461
Richmond, J. C. 435, 440, 441, 820
Richolt, R. R. 950
Richter 818
Richter, E. 935
Richter, Eberhard 571
Richter, F. 679
Richter, F. 656
Richter, Fritz 584
Richter, Gerhard 875
Richter, G. 951
Richter, H. 836
Richter, Hans 281
Richter, O. 109
Richter, Walter 354
Ricken, Theodor 602, 676, 679, 696, 782, 790, 955, 957, 958
Ricker, Ch. S. 770, 815
Rickett, R. L. 306, 323, 576
Rickling, Erich 833
Le Ricolais, R. 798
Riddell, J. R. 182, 187, 800
De Ridder, E. J. 355(2), 791, 793, 794, 880
Riddihough, M. 100, 685, 733
Rideal, E. K. 406
Rideout, G. T. 368
Ridler, A. V. 134, 889
Ridley, R. W. 319, 356
Ridpath, C. H. E. 831
Riechers, Kurt 380, 389(2), 404, 407(2), 411(2), 417(3), 422(2), 432(3), 464, 615, 712, 898, 899, 947, 949
Riedel, Max 779
Riedig, F. 956
Riediger, Bruno 867, 943, 944
Riedl, Karl 106
Riedrich, Gerhard 307(2), 321(2)
Rieger, F. 609
Rieger, Jos. 74
Riehl, N. 751
Riekert, P. 808, 811, 817, 867, 868, 936
Rieppel, P. J. 599, 893
Riesing, E. F. 419
Du Rietz, Dag 98
Rieve, Johann-Jacob 490, 494
Rigby, John 587
Rigg, J, G. 436, 438(2)
Rigsby, Herbert Prentice 98
Riley, C. R. 409, 416
Riley, J. J. 684
Riley, R. V. 687
Rimbaud, L. 849
Rinebolt, J. A. 311
Rinehart, W. G. 599, 687
Ringelstetter, L. A. 179, 185, 197(3), 910
Ringpfeil, Horst 331
Ringrose, R. C. C. 240
Rinke, H. 845
Rinker, R. C. 391, 426(2)
Rinno 96
Riordan, J. M. 688
Riparbelli, C. 763, 906
Ripley, C. T. 848
Ripling, E. J. 310, 311(2), 344, 348, 460, 530
Ripperger, E. A. 280, 516, 517
Risack, M. 920, 932
Risch, G. 271, 440

R

Risch, Theodore A. 680
Rischen, H. W. L. 439
Ritchey, N. F. 706
Ritchie, J. D. 394
Ritter, Carl 148
Ritter, E. J. 402(2), 430, 623, 644, 666(3), 715(2), 716(3), 718(2), 799, 951
Ritter, Franz 91, 720
Ritter, R. 93, 109
Rittershaus, Ir. P. G. 106
Ritzau, G. 580
Rivat-Lahousse, M. 713
Rivett, F. A. 731(2)
Rivière, Henri 470
Rivlin, R. S. 202, 257, 419, 499
Roach, Donald B. 684, 685
Roach, D. J. 425, 430
Roach, R. E. 512
Roark, Raymond J. 74, 76, 90, 251(2)
Roberson, R. E. 274, 279
Robert, E. 74
Roberts, A. L. 374, 826
Roberts, C. S. 358
Roberts, D. F. T. 612
Roberts, Doris K. 702
Roberts, G. 652
Roberts, H. 390
Roberts, I. 289
Roberts, J. A. 93
Roberts, J. E. 599, 600, 603, 612, 690(2), 701
Roberts, J. P. 354(2), 827
Roberts, M. H. 738
Roberts, R. R. 685
Roberts, William M. 171, 172, 190, 563, 568
Robertson, A. 480
Robertson, E. N. 408, 414
Robertson, J. M. 599, 826, 828, 829
Robertson, T. S. 743
Robin, M. 504
Robinson, A. 514
Robinson, A. T. 350
Robinson, Ernest L. 132, 300, 320
Robinson, G. A. 337
Robinson, H. 700
Robinson, I. R. 757
Robinson, J. D. 416
Robinson, L. M. C. 889(2)
Robinson, Russell G. 930
Robitschek, P. 86
Robson, Alex M. 951
Robson, D. A. L. 938
Rocard, Y. 925
Rocard 78
Rocha, H. J. 553
Rocha, M. 767
Roché, J. A. 915(2)
Roche, James N. 439(2)
Rochefort, H. E. J. 898
Rock, D. H. 487, 497
Rockefeller, H. E. 700
Rockey, K. C. 770
Rockwell, M. M. 675
Rodee, W. F. 905
Roderick, J. W. 158(2), 290, 483, 485, 509(3), 510(2), 597, 965, 966(2), 967(2)
Rodes, Rafael Calvo 466
Rodger, R. 186, 943
Rodgers, D. A. 780
Rodgers, F. 653
Rodman, C. J. 564
Rodriguez, A. M. 930
Rodriguez, José F. 910
Röcher, A. 832
Rödel 922
Rödel, H. 78
Rögnitz, H. 103
Röhrig, H. 544
Röhrs, W. 404
Roelig, H. 418(5), 419, 464
Römer, Alfred 702
Römer, E. 796
Rösch, Georg 852
Roesch, Karl 325
Roeser, W. F. 707
Rössiger, M. 271
von Rössing, Günther 525
Rötscher, Felix 101, 104, 132, 527, 528, 738, 761(2)
Roff, W. J. 620
Roger, D. A. 664
Rogers, G. F. C. 105, 822, 823
Rogers, G. L. 762
Rogers, R. R. 725
Rogers, T. H. 541
Rogers, Willard L. 105
Rogers, W. T. 311
Rogowski, A. R. 107
Rohan, T. M. 671
Rohde, F. V. 494
Rohland, Günter 587
Rohner, F. 337, 354, 749(2)
Rohrbach, Adolf 784
Rohrbach, Christof 763, 764(5)
Rohsenow, W. M. 824, 910
Roik, Karl-Heinz 152
Roinet, Charles 653, 779
Roisin, V. 152(2), 158

Rojansky, V. 483
Rolfes, K. A. 851
Roll, Franz 324, 326
Rollason, E. C. 612, 685
Rollfinke, Fr. 373
Roloff, Max 975
Roloff, J. 844
Romanowski, A. 278
Romaschewsky, A. J. 932
Romer, J. B. 320
Romeyer, J. 976
Ronay, Bela 747, 776
Rondeel, J. H. 172, 481, 621, 624, 625, 635, 760, 802
Rooney, R. J. 747
Roop, Frederick C. 523, 627, 630
Roop, Wendell P. 885
Roos, A. 371
Roos, H. 772
Roos, P. K. 747
Roozendahl, K. 475
Roper, E. H. 97, 677, 696
Roš, Mirko Gottfried 132, 143, 264 271, 287, 289, 297(2), 302, 306, 329, 426, 445(2), 446, 452, 453, 468, 537, 590, 593(3), 594, 596, 608(5), 616, 620, 630(2), 633, 634, 682, 785, 797, 835, 962, 975, 980, 981
Rosana, Henri L. 622(2), 626
Rosard, D. D. 284
Rosato, D. 416
Rosbloom, Julius 107
Rosche, Friedrich 758
Rose, A. S. 368
Rose, Adolf 302(2), 690
Rose, Kenneth 300, 359, 780, 803, 986
Rose, R. T. 768
Rosecrans, Richard 253, 254, 262
Rosen, B. Walter 190, 191, 631
Rosenbaum 804
Rosenbaum, H. H. 803, 913
Rosenbaum, R. 112
Rosenberg, A. J. 365, 368, 371, 700, 827
Rosenberg, Friedrich 683
Rosenberg, R. K. 938
Rosenberg, R. M. 280
Rosenberg, S. J. 293, 298, 322
Rosenblatt, Don 324
Rosenfeld, Samuel J. 640(2)
Rosenholtz, Joseph L. 747(2)
Rosenkranz, W. 338, 568
Rosenthal, D. 445, 462, 478, 538, 595, 752(2)
Rosenthal, F. 249, 252
Rosenthal, H. 353
Rosenthal, Klaus 416, 475
Rosenthal, L. W. 988(4)
Rosi, F. D. 365
Roske, F. 832(2)
Ross 386
Ross, A. L. 173
Ross, E. W. jr. 771
Ross, H. Mc. G. 767
Ross, Orrin E. 236
Ross, Robert D. 640
Ross, W. 899
Roßbach, H. F. 528
Rossenbeck, M. 770, 812(2), 813(2), 815
Rossetti, U. 760
Rossi, Boniface E. 98
Rossman, Carl A. 188(2), 189, 229, 467, 472, 473
Rossmann, P. F. 951
Rossow, E. 815
Rossteutscher, F. 725
Rost, J. 274, 918
Rostoker, W. 365, 367, 371
Rostosky, L. 701
Roth, H. W. 678
Roth, L. 389
Roth, Ph. 463
Roth, W. 336, 546
Roth, Walter 756
Rothe, A. 159
Rothe, K. 814
Rotherham, L. 80, 827
Rothermel, R. R. 686
Rothhardt, A. 541, 583
Rothman, M. 212, 216
Rothmund, A. 383, 463
Rothschild, Gilbert R. 689, 695
Rott, N. 926
Rotta, Julius 938
Rottmayer, E. 477
Rouanet, R. 911
Rous, W. C. jr. 441, 828
Roush, C. W. 430
Roux, A. 690
Le Roux, R. 373
Rowan, Miles J. 661, 731, 780
Rowe, D. J. G. 664
Rowe, H. J. 653
Rowe, P. W. 410
Rowland, E. S. 300, 753
Roy, J. Albert 473(6), 482, 483(2)
Roy, Louis 74
Royce, Clinton K. 986
Roylance, E. C. 842
Rubin, N. 942
Rubinstein, Martin A. 478

Ruble, J. E. 571, 977
Rubo, E. 622(3), 680, 717
Ruchnik, K. 325
Rucker, Nancy 614
Rudakow, Alexis 162(3)
Rudberg, E. 549, 774
Rudkin, A. W. 616
Rudnicki, J. M. 637
Rudolph, Lothar 433
Rudolph, W. J. 709
Rudolph, Walter 876(2)
Rudorff, D. W. 293
Rüble, H. 982
Rückerl, E. 409
Rüdel, F. W. 837
Rüdiger, O. 755
Ruedy, R. 582
Rühenbeck, A. 338, 584
Rühl, D. 469, 648
Rühl, Karl Helmut 90, 102, 137, 161, 465, 466, 467(2), 517(2), 527, 737, 743, 790, 922, 965
Rüsch, H. 144
Ruffner, Benjamin F. jr. 200, 245, 254, 474, 766, 932
Ruge, Arthur C. 762
Ruge, Jürgen 677, 678(3), 679, 680, 708
Ruhlmann, H. 851
Ruhlmann, Jon 686
Ruhlmann, M. 861
Rummel, R. W. 141, 901, 933
Runckel, W. J. 398
Runge, Gerhard 865
Runkel, Roland O. H. 384
Runte, E. 719
Runyan, Harry L. 917, 918, 925, 926, 929
Ruppel, Werner 918, 925, 926
Ruppender, R. R. 371
Ruppin, K. 592, 699, 700, 845, 846, 855, 861
Rush, A. O. 320
Russell, A. E. 786, 905, 934
Russell, Allen S. 566, 840
Russell, B. R. 703
Russell, E. W. 408, 953
Russell, H. W. 306, 444, 450, 606(3), 607(2), 634(2)
Russell, J. E. 588, 826
Russel, J. V. 302
Russel, W. T. 494
Russenberger, M. 446, 538
Ruther, W. E. 550
Ruttmann, Wilhelm 299, 443, 542, 570(2), 590, 738(3), 740
Ruzek, Jan M. 609
Ryalls, E. 684
Rychner, G. A. 969
Ryder, E. I. 243
Ryffel, H. H. 655, 779
Rylander, A. E. 719
Rylski, O. Z. 372
Ryshkewitsch, Eugene 355

Sacchi, F. 819
Sachs, Georg 96, 97, 167, 171, 313, 344, 351, 444, 458, 460, 490, 530(2), 531, 533, 540, 596, 611, 641, 666, 670, 739, 946
Sachse, J. F. 354
Sachsenberg, E. 642, 986
Sacks, Raymond J. 98
Sadowsky, M. A. 201, 493, 529, 530, 531
Sadrazil, Franz 555
Saechtling, Hansjürgen 86(2), 396, 408, 427, 434, 623, 715, 967(2)
Saechtling, Irene 965
Saelman, B. 786
Saeger, Charles M. jr. 330
Säger, Werner 503
Sänger, Eugen 145, 904(3)
Sänger, R. 404
Sag, N. 526
Sage, A. M. 840
Sage, S. A. J. 344, 352
Sagel, H. A. 667
Sahlin, Harry 664
Sahling, Bernhard 94
Sahmel, Paul 160, 641, 982
Saia, A. 353
Saibel, E. 152, 283, 284, 467
Saito, Atsushi 206
Sakamoto, Shoichi 560, 703
Sakhatzky, G. P. 699
Sakui, S. 299
Salansky, F. 852
Salerno, Vito L. 184, 246, 252(4), 255, 477
Salet, G. 235
Salewski, E. 404
Salgi, St. 272
Saliger, Felix 150
Saliger, Rudolf 74
Saliger, W. 846
Saljé, E. 652
Sallenave, P. 969, 979
Salles, F. T. 762

Salles, F. 168, 206
Salmon, B. 770(2)
Salvadori, Mario G. 168, 280, 475, 493, 505, 799
Salvaterra, Heinrich 92
Salzmann, F. 466, 947
Samans, Carl Hubert 80
Sambraus, A. 613, 705(3)
Samson, Derek R. 159, 914
Samtleben, Werner 297, 303(2), 308, 595(4)
Samuel, R. L. 722
Samuels, M. L. 655
Samuels, Ray 894
Samuelsen 861
Samuely, Felix J. 982
Sanborn, W. A. 268, 616, 643
Sancery, R. 945
von Sanden, K. 236, 238, 239, 245, 809
Sander, Hans 968
Sander, Hans-Rolf 455
Sandermann, Wilhelm 439, 730
Sanders, J. Lyell jr. 245
Sanderson, P. A. 178
Sandford, W. T. 904
Sandlin, Charles W. jr. 187, 230
Sandorff, P. E. 170, 489, 786(2), 953
Sandoz, G. A. 329(2)
Sands, J. W. 315
Sandweg, Karl 719
Sangdahl, G. S. jr. 490
Sankey, G. O. 320, 825
Sanz, Manuel C. 954
Sappa, Oreste 762
Saran, Walter 457, 758, 866
Sardinero, Enrique J. Garcier 447
Saretok, V. 422, 712
Sargent, E. H. G. 414
Sariban, A. 152(2), 158
Sarx, Hans Friedrich 88
Sass, Friedrich 107, 818
Sasso, John 97
Sattler, Konrad 147, 148, 149, 159, 270, 479, 636, 976, 988
Sauer, E. 615, 625
Sauer, G. 342
Sauer, John A. 296, 405, 460, 526
Sauer, Robert 256
Sauerbrei, E. 652
Sauerwald, Franz 357, 358(4), 359
Saul, K. H. 751, 868
Saulnier, A. 345, 353
Saunders, H. E. 758
Saunders, O. A. 824
Saut, F. J. 868
Sautner, K. 889
Sautter, Werner 292(2)
Sauvage 159, 160
Savage, E. G. 555
Savage, John 880
Savage, W. F. 597
Savalle, W. S. 181
Saville, W. S. 802
Savitzsky, Daniel 140
Sawert, Walter 452
Sawyer, F. G. 391, 427
Sawyer, Robert Tom 107
Scales, G. M. 423, 427, 713, 714
Scalzi, J. B. 480
Scanlan, R. H. 112, 278, 899
Scapple, Robert Y. 328
Schaaber, O. 751(2)
Schaaf, G. 442
Schaal, Alfred 446(2), 451, 452, 458, 753
Schaar, K. 334
Schabtach, Carl 822
Schacher, E. 894
Schack, W. 97
Schade, Henry A. 889
Schade, H. A. 493
Schade, Th. 149, 209
Schaden, K. 494, 965(2)
Schaden, W. 428
Schadoursky, Vladimir 158
Schaechterle, Karl 142, 145, 629, 632, 785, 972, 973(2), 974, 976
Schaefer, A. 969
Schaefer, Georg 894
Schaefer, H. 276
Schäfer, Manfred 206
Schäfer, R. 297
Schaefer, Ralph A. 583
Schaefer, W. 86
Schäfer, Wilhelm 387, 533(2)
Schäffeler, G. 818
Schaeffler, A. L. 687
Schärer, A. 695
Schaffer, F. 969
Schafmeister 79
Schafmeister, Paul 543, 722
Schafranow, M. M. 777
Schaim, J. H. 149
Schaitberger, Günther 342(2), 558(3)
Schakenbach, Leslie T. 653
Schalin, P. H. B. 933
Schallbroch, H. 672, 673
Schallenkamp, A. 277(2), 282, 924(2), 929
Schallert, Heinrich 133

S

Schambach, H. 423
Schams 775
Schantz, C. Paul 116
Schanz, August 830
Schaper, Gottwald 116, 302, 604, 973, 981
Schapiro, Leo 312
Schapitz, Eberhard 76, 90, 186, 224, 229, 230, 232(2), 243, 244(2), 245(2), 246, 251(2), 906, 907, 932
Schardin, H. 769
Scharf, W. 959
Scharrer, G. 282
Schart, Karl 431(2)
Schaub, Cyrill 304, 316
Schauff, Erich 299, 563
Schaupp, F. 653
Scheck, A. 748
Scheele, Hans 528
Scheer, Joachim 191
Scheffer, J. C. 942
Scheffler, H. 881
Scheidler, D. 895
von Scheidt, U. 341, 480(2), 544
Scheifele, Bernhard F. H. 730
Scheil, Erich 337
Scheil, M. A. 323
Scheinichen, K. 771
Scheinost, R. 293, 450, 523, 535, 732, 812
Schellenberger, Karlheinz 890
Scheller, E. 437
Schelling, E. 852, 853
Schelomajew, J. W. 819
Schemberger, G. 813
Schenk, M. 83, 550, 553, 727, 729
Schenk, J. G. 790
Schepelmann, H. W. 389, 422
Schepers, Alexander 750
Schepisi, G. A. G. 922
Scherer, L. 864
Scherer, Robert 316, 321, 323
Scherf, H. 897
Scherf, M. 897
Scherman, Roy E. 888
Scherrer, C. E. 970
v. Schertel, H. 897
Scheubel, F. N. 928
Scheuble 755
Scheuer 457
Scheunert, Alfred 268
Schevo, B. A. 612
Scheyer, Emanuel 782
Schibler, Willy 156
Schichtel, Georg 727
Schick, W. 604(2)
Schiebel, A. 93, 579
Schiebold, E. 759
Schiebuhr, Fr. 651
Schied, Max 652
Schiedt, Erwin 351, 751(3), 778
Schiefer, H. F. 745, 771
Schiek, Hans 335
Schif, C. 809
Schiff, Edward 761
Schijve, J. 635, 647
Schikorr, Gerhard 91, 540, 547, 548, 549, 554, 555, 556, 559, 565, 773
Schildcrout, Murry 226(4), 227, 229(2), 231, 236, 238
Schildknecht, C. E. 86
Schilhansl, Max 215(2), 218, 244, 253, 276, 277, 829, 945
Schilling, E. 108
Schilling, H. 482, 508
Schilling, Robert 134
Schilling, Walter 111
Schilling, W. G. 759
Schiltknecht, E. 750
Schimkat, Gerrit 522, 759, 851
Schimmel, A. 334
Schimmer, Ludwig 750
Schimpke, Paul 94, 97, 98(2), 103, 677
Schimz, Karl 570, 641
Schindler, A. 772, 917(2)
Schindler, Robert 73, 117
Schinke, J. 858
Schinn, R. 299, 740
Schipmann 264
Schippel, H. F. 934
Schirmer, H. 516
Schischka, Ernst 268, 270
Schlaefke, K. 139, 809, 810, 937(4), 940
Schläpfer, P. 547(2)
Schlain, D. 368
Schlatter, H. A. 694
Schlechte, Floyd R. 254
Schlechtweg, Heinz 221(2), 743
Schlegel, Werner 325, 662(2)
Schleicher, Ferdinand 76, 114, 166(2), 186, 304, 477, 566, 752, 978
Schleicher, William F. 733
Schlesinger, Georg 109(2)
Schlesinger, F. W. 983
Schleusner, Arno 90, 471, 494, 508, 980
Schlichting, O. 885
Schlickelmann, M. 717
Schliekelmann, R. J. 620, 621, 624
Schlink, Wilhelm 74

von Schlippe, Benno 285, 485, 511, 772, 921, 936(2), 937, 943
Schlossberg, Louis 774
Schlünz, Willy 267, 941
Schlüter, Günther 638, 969
Schlüter, H. 885
Schlüter, Wilhelm 365, 375, 751
Schmelter, Kurt 150
Schmelzle. A. F. 427
Schmerber, Luitpold 850
Schmid, Christian 867
Schmid, E. 93, 342, 442, 443, 459, 655
Schmid, H. 973
Schmid, P. 810
Schmidbauer, H. 408
Schmidle, A. 949
Schmidt 86
Schmidt 308
Schmidt, A. O. 672
Schmidt, Alois X. 86
Schmidt, C. J. 874
Schmidt, Calvin L. 200
Schmidt, E. 384
Schmidt, E. 759
Schmidt, E. 297, 564, 568, 915
Schmidt, Erich, K. O. 436(2), 438(2), 540(2), 543(5), 544(10), 554(2), 723, 738, 773(3)
Schmidt, F. 817
Schmidt, Fr. 104
Schmidt, Fritz 599
Schmidt, Fritz Anton Franz 107
Schmidt, Fr. R. 815
Schmidt, Georg 150, 155, 156
Schmidt, Georg Viktor 653
Schmidt, H. 744
Schmidt, H. 136(2)
Schmidt, H. 585, 807
Schmidt, Harry 207, 211, 276(2)
Schmidt, H. W. 579
Schmidt, K. 947
Schmidt, M. 307, 450
Schmidt, O. H. 789, 807
Schmidt, R. 814
Schmidt, U. 876
Schmidt, W. 459, 573, 829
Schmidt, Wilhelm 639
Schmidt, Wolfgang 629
Schmidtmann 269
Schmidtmann, Eugen 307, 437, 453
Schmieden, C. 193, 195, 508, 941
Schmieder, Albert K. 488, 505
Schmieder, A. K. 406(2)
Schmieder, Curt 496
Schmiedlin, Ralph F. 815
Schmitz, F. 685
Schmitz, G. 138, 908, 937(2)
Schmitz, Hans 317, 751
Schmitz, J. 844
Schmitz, Otto 79
Schmitz, Werner 829
Schmudde, H. 966
Schnadel, Georg 134(5), 165, 169(2), 187, 192, 258, 486, 496, 889, 890, 893, 895
Schnarz, R. 692
Schneeman 752
Schneider, A. 357
Schneider, G. 152, 157
Schneider, Helm. 879
Schneider, K. 386, 390, 616
Schneider, K. 652, 778, 793, 819
Schneider, K. H. 494
Schneider, P. 285, 420
Schneider, R. 281
Schneider, W. 442
Schneider, William C. 755
Schneidewind, Richard 324
Schnell, R. 345, 987
Schnittger, Jan R. 829
Schnizler, W. 951
Schnurer, W. 683
Schoellerman, A. 700
Schöllhammer 646, 814
Schönberg, M. 651, 777, 791, 793(2), 807, 814, 846
Schoenborn, E. M. 404, 413
Schöne, E. 562
Schoenen, Franz 798
Schönert, K. 102
Schönfelder, Kurt 776
Schönhöfer, Robert 474, 476, 478(2), 489, 493, 648, 976, 983
Schöning, W. 706(2)
Schoenmaker, P. 682
Schönning, J. 817
Schönrock, K. 605, 789
Schöttgen, J. 164
Schofield, A. 816
Scholten, John A. 637(2), 638, 643
Scholtz, R. 266, 637
Scholz, A. 138
Scholz, Hans 738
Scholz, Kurt 402(2)
Schor, H. 662
Schottky, Hermann 299, 309, 590
Schowalter, W. E. 713
Schrader, Angelika 81, 82
Schraivogel, Karl 388, 432(2) 543, 572(2), 578, 600, 645(2)

S

Schreckenbach, Max 291, 292
Schreiber, Walter 763
Schreiter, V. 983
Schrenk, Martin 564, 592, 642, 897, 944, 987
Schrero, Morris 435, 549
Schreuer 420, 421
Schreuss, T. 88
Schreyer, A. 199, 219
Schreyer, Carl 114
Schrieder, E. 840
Schrode, Hans 936(3), 937(5)
Schrodeck, E. A. 953
Schroeder, August 480(2), 594, 667, 685
Schroeder, A. J. 103, 109, 844
Schroeder, E. 863
Schröder, Edgar 947
Schröder, H. 146
Schröder, J. 957, 970, 982
Schröder, K. 210
Schroeder, W. 661
Schroeder, Werner 333, 584
Schrön, Hans 107, 817
Schröter, C. H. 779
Schropp, Hermann 298
Schtschepetow, B. 981
Schubert, A. 200
Schubert, G. 488, 498
Schubiger, E. 636, 968
Schünemann 809
Schünemann, Fr. 908
Schürch, H. 149, 215, 910
Schuerch, H. U. 912
Schüssler, K. 978
Schüßler, Karl 199(2)
Schuette, Evan H. 166(2), 171, 172, 188, 189(2), 226, 228, 250, 356, 414(2), 463, 473(3), 475, 483(2), 628, 630, 631, 909
Schuh, A. E. 655
Schuler, L. 671
Schuler, M. 78
Schuler, W. T. 140
Schulmann, Fred 541
Schulthess, E. 433
Schultz, H. 652
Schultz-Grunow, F. 211, 223, 231, 835
Schultze, Werner 750
Schulz 591, 607
Schulz, B. 884
Schulz, Ernst Hermann 293, 299, 301, 303, 304(2), 444, 449, 450, 453, 520, 593, 604, 609, 632, 635, 660
Schulz, F. 378, 430, 736
Schulz, G. 577
Schulz, H. 443
Schulz, H. 750
Schulz, H. 784
Schulz, R. 134
Schulz, W. 544
Schulz, Walter 778
Schulze, B. 439, 730(2)
Schulze, H. 149
Schulze, R. 517
Schulze, R. 691, 705
Schulze, R. 750
Schulze, R. Burt 95, 103
Schulze, Walter 784
Schumacher 813
Schuman, Louis 187
Schumann, F. 875
Schumann, Gerhard 707
Schumann, H. 861
Schumann, Hermann 301
Schunk, Theo-Ernst 175, 224, 233, 808, 868
Schwabe, Rolf 657
Schwahn, Chr. 100
Schwaigerer, Siegfried 132, 467, 569(2), 739, 760, 836, 837, 840(2)
Schwalbe, W. L. 147, 165, 487, 496, 506
Schwalenberg, H. V. 954
Schwandt, S. 671
Schwartz, A. Murray 469
Schwartz, C. L. 501
Schwartz, Edward B. 176, 240, 260, 488, 505, 515(2)
Schwartz, Fr. L. 272, 822
Schwartz, Fritz 397
Schwartz, H. 396, 400
Schwartz, Harry A. 326
Schwartz, O. 293(2)
Schwartz, Sidney L. 397
Schwartzbart, Harry 533, 563
Schwartzmann-Simonot, N. A. 503
Schwarz, H. 680, 813
Schwarz, H. 702
Schwarz, L. 922(2), 923(2), 924
v. Schwarz, M. 351
de Schwarz, M. J. 502, 503
Schwarz, S. L. 398
Schwarzenberg, Eug. 270, 638
Schwarzkopf, Paul 376, 377
Schwarzmann, K. 772, 916
Schweda, F. 978
Schwedler, Franz 109
Schweitzer, P. H. 107
Schweizerhof, S. 758
Schwenkhagen, H. F. 718

Schwerber, P. 132, 601, 723, 776(2), 777, 781, 785(8)
Schwerd, Friedrich 109
Schwerin, E. 250, 496(2)
Schwering, Felix 651, 846
Schwesinger, G. 273
Schweyckart, René 672, 673(2)
Schwieger, H. 769
Schwier, Fritz, 566, 567
Schwietzke, Günther 654
Schwinning, W. 293, 443, 449, 528, 534
Schwitter, C. M. 311, 330
Schwope, Arthur D. 295, 350(2), 376
Scobie, Herbert F. 657
Sconce, R. E. 404
Scott, B. E. 556
Scott, D. A. 309
Scott, Howard 311, 825
Scott, Ingram 693
Scott, I. G. 764
Scott, Merit 196
Scott, R. B. 669, 954
Scott, W. B. 69
Scott-Hall, S. 934
Scouse, S. J. 435, 725
Scriver, R. M. 362
Scruton, C. 924, 926, 928, 929
Seaborn, L. O. 612
Seacord, C. L. 942
Seamans, R. C. 943
Sears, W. R. 907, 909
Seborg, R. M. 338(2), 403(4)
Sechler, Ernest E. 74, 76, 112, 166, 188, 205, 224, 225, 227, 234, 910
Sechsler, A. E. 169
Seddon, Oswald F. 793, 861, 874, 876, 879
Sedminek, Herbert 267
Sedziak, H. P. 439
Seed, D. 919
Seeger, Gerhard 353, 443, 450, 529, 535, 537
Seeger, R. 380
Seegers, Karl Heinz 979, 981
Seekamp 438
Seelhorst, Hans 135, 520, 898
Seeliger, W. 740
Seely, Fred B. 74(2), 76(2), 90
Seelye, Elwin E. 114
Seemann, H. J. 335, 342, 343, 344, 345, 545, 546, 558, 755, 756, 773
Seens, W. B. 299, 320
Seewald, Friedrich 940, 945(3)
Séférian, Daniel 94, 98, 591
Sefing, F. G. 324
Seghezzi, H. D. 732
Segler, Georg 834, 835
Segond, Roger 724, 725
Segrave, Harold J. E. 437
Seide, Paul 172, 183(3), 184(4), 189(2), 190(2), 191, 228, 262(3), 474, 803
Seidel, Erich 636, 981
Seidel, Friedrich 819
Seidenfaden, T. 484, 486
Seidl, Rob. J. 412(5), 413, 802(2), 803
Seiffert, K. 417
Seiffert, L. E. 413
Seiler, Charles J. 614, 623
Seiliger 107
Seith, W. 354
Seitz, Hugo 265, 266, 615, 635, 637, 647
Sekhar, A. C. 281, 395
Seki, Fumio 328
Sekiguchi, K. 656
Sekiya, Tsuyoshi 206
Selberg, Arne 265(2), 974, 980
Selbo, M. L. 387(2), 388, 616(5), 618(2), 714, 715, 799(2)
Seliger, Victor 633
Selka 751
Sellentin, H. 496
Sellers, M. L. 887
Sellier, E. 680
Sellin, Walter 97, 664, 671
v. Selzam, H. 639
Semion, W. A. 936
Semonian, Joseph W. 190, 495
Semper, E. Seymour 97, 663
Sen, Bibhutibhusan 200, 215
Sengupta, H. M. 202, 205, 213, 214(2), 215, 216, 220(2), 533
Senior, D. A. 764
Serafimow, Peter 256
Sereque, A. F. 421
Servais, P. C. 420(2)
Servi, Italo S. 319, 337
Setapen, A. M. 613
Seth, B. R. 205, 209, 219, 501
Settle, T. 571, 646
Setzer, H. 729
Seuffert, Willi 294
Seulen, G. W. 707
Seutter, Louis 386
Sevick, G. 750
Sewall, John L. 925, 926
Sewell, J. F. 315, 860
Seyboldt, K. 581
Seydel, Edgar 161(3), 174(3), 178(2), 193(2), 930(3), 987(2)
Seyfferth, H. 804

S

Seyller, Otto 77
Seymour, R. B. 413, 415(2), 799
Sezawa, Katsutada 169, 236, 237, 276, 277(2), 915, 921(3), 922, 946
de Sèze, G. 874
Shackell, K. K. 491
Shank, M. E. 306
Shanley, F. R. 112(2), 145, 169, 228, 245, 471, 474, 475, 777, 909
Shannon, J. F. 820, 947
Sharp, F. H. 822, 944
Sharp, H. J. 655
Sharp, K. W. 509
Sharp, W. H. 342, 355, 628
Sharpe, G. S. 876
Sharpnack, E. V. 670, 840
Shaw, F. S. 179(2), 206, 222, 498, 499
Shaw, J. D. 333
Shaw, M. C. 372, 740
Shaw, R. B. 338
Shaw, R. F. 420
Shaw, R. R. 523
Shearer Smith, W. 568
Shearin, P. E. 445
Shearman, R. W. 851
Shechan, J. P. 309
Shedd, Thomas C. 74
Sheehan, J. W. 661
Shelson, William 460
Sheng, J. 477
Sheng, P. L. 500
Shepard, L. A. 338
Shepheard, R. B. 895
Shepherd, D. G. 107, 821
Shepherd, W. M. 575
Shepler, P. R. 836
Sheppard, J. R. 417
Sheppard, H. R. 416
Sheptak, Nicholas 656
Sherby, Oleg D. 292, 350(2, 351(4), 461
Sheridan, C. M. 321
Sherman, J. V. 86
Sherman, M. A. 409, 413
Sherwood, A. W. 239
Sherwood, R. S. 640
Sheshunoff, V. 435, 713
Shevandin, E. M. 298
Shevigny, R. 346
Shevlin, Thomas S. 361(2), 376(2), 377
Shevloff, N. P. 918
Shieh, A. H. 286
Shield, R. T. 500, 512
Shigesawa, Shizuo 395
Shing, Li 205
Shinn, D. A. 295, 311
Shipp, J. C. K. 503, 922, 923
Shirley, H. T. 550, 555
Shiskin, S. 137
Shiu, Y. S. 489
Shober, F. R. 350
Shoemaker, J. D. 662
Shoemaker, E. 320
Shoenberger, L. R. 305
Shollenberger, F. J. 564
Short, Mac 903
Shortley, G. H. 497
Shrubsall, Arthur E. 600
Sibert, H. W. 195(2), 259, 471, 505, 506, 508, 907
Sicha, W. E. 352, 654
Sickels, E. D. 678
Siddall, J. N. 274
Sidebottom, Omar M. 300, 492, 493, 510, 512, 850
Siebel, Erich 102, 287(2), 288, 293, 297, 301, 314, 317(2), 318, 443, 444(2), 445, 458, 466, 467(2), 489, 523, 526, 528(2), 529, 533, 535, 536, 537(2), 569, 597, 606, 658(2), 659, 671(3), 737(2), 739, 761, 771, 836, 837(2), 840(2)
Siebel, Gustav 336(3), 342(3), 345, 346, 352, 356, 357, 358(2), 545, 549, 559, 670, 773
Siebel, M. P. L. 511, 512(2)
Sieber, Karl 659
Siebert, G. 851, 875
Siedenburg, Walter 450, 570, 581(2), 642, 820
Siedhianho, A. 756
Siegel, Curt 154
Siegel, Gerhard 68
Siegfried, W. 290, 315, 404(2), 410, 739, 822, 825
Siegmund 958
Sieker, Karl-Heinz 109
Siemens, Horst 736
Siemers, K. 691
Siess, C. P. 976
Sievers, Hans 155, 156, 191, 471, 477
Siggia, S. 988
Sigwart, Hans 408(2), 467, 737
Silberstein, J. P. O. 179(4), 227, 268
Silcock, J. M. 341
Silk, E. J. 365
Sill, Albert jr. 680
Siller, W. 864
Siller, Karl 709, 710
Sillifant, R. R. 675, 676, 683, 693
Silliman, J. C. 482
Silman, H. 88, 92, 100

Silsbee, Nathaniel F. 360, 823
Silver, G. 477
Silver, J. 414
Silvester, A. W. 324
Simke, R. 406
Simkins, D. S. 734
Simmons, O. W. 368(3)
Simmons, Ward F. 294, 320, 448, 821
Simnad, M. T. 562
Simon, A. 553
Simon, E. 706
Simon, G. 705(2)
Simon, H. 251, 252
Simon-Suisse, J. 474
Simonds, Herbert R. 86(2), 97, 100
De Simone, B. J. 685
Simons, Eric N. 82, 98
Simons, H. H. 717
Simpkins, Robert L. 708
Simpkinson, Scott H. 948
Sims, C. E. 310
Sims, R. B. 349
Sinclair, G. M. 446, 455, 461, 462
Sines, George 445, 462, 538, 750
Singdale, F. N. 770
Singer, A. R. E. 336, 343, 344, 667
Singer, F. 442
Singer, Joseph B. 962, 971
Singer, P. 353
Singh, Jastinder 402(2), 425
Singh, Kartar 386, 388
Singleton, R. C. 683
Singleton, W. F. 434
Sink, L. W. 583
Sinn, H. 618
Sinnot, M. J. 367
Sipp, Karl 330, 789
Sippell, W. 720
Sisler, Harry H. 376
Sistare, George H. 708, 709
Sittig, M. 368
Sittler, H. L. 563
Sitzenfrey, Eduard 481
Sizer, J. A. 899(2)
Sjöstrom, Sverker 201, 212, 232, 764
Skalweit, H. 133, 881(3)
Skan, Sylvia W. 173
Skaupy, Franz 80
Skerrey, E. W. 436, 438(2)
Skevington, H. C. 299
Skidmore, Wallace E. 826
Skopinski, T. H. 764
Skrobanek, F. 974
Skrotzki, Bernhardt G. A. 107
Skudrzyk, Eugen 755, 756
Slaby, R. 866, 867, 873
Slachta, A. G. 816
Slattenschek, Adolf 290, 733
Slatter, A. C. 672
Slaymaker, R. R. 584
Sleight, I. C. 583
Slibar, A. 273, 287, 467, 818
Sloan, J. J. 667, 668, 672
Sloane, Alvin 90
Slomm, S. E. 284
Slone, M. C. 407
Slosson, W. L. 828
Slottman, G. V. 97
Smack, J. C. 611, 757
Small, Louis 750
Smalley, Oliver 778
Smallman-Tew, R. 357
Smeathers, R. 384
Smekal, Adolf G. 292
Smellie, W. J. 709(2)
Smiley, Robert F. 940
Smilg, B. 925
Smith 87
Smith, A. A. 703
Smith, A. G. 942
Smith, A. L. 799
Smith, B. 935
Smith, Christopher 660, 662
Smith, C. Bassel 177, 182, 183, 197(2), 202, 204(2), 217(2), 490, 503
Smith, C. H. jr. 660
Smith, C. O. 353, 833
Smith, Clarence R. 228, 231
Smith, C. R. 539
Smith, C. W. 571
Smith, D. B. 487
Smith, D. C. 599, 687
Smith, D. M. 821
Smith, D. N. 383
Smith, Dudley T. 747(2)
Smith, D. W. 314
Smith, E. 324
Smith, E. A. 866
Smith, E. M. 437, 731
Smith, E. Robert 97
Smith, Frank C. 201, 204, 284, 460
Smith, F. H. 353, 736
Smith, F. J. M. 708
Smith, F. R. C. 792
Smith, G. 869
Smith, G. Geoffrey 107(2), 822
Smith, George Michael 226
Smith, George V. 80, 299, 304, 305, 313, 318, 319, 320(2), 321, 563
Smith, H. 648

S

Smith, H. E. 186, 188, 200, 251, 472, 785
Smith, J. F. Downie 419(2), 477, 578, 944
Smith, J. H. 438
Smith, J. M. 965
Smith, James O. 74, 76, 444
Smith, L. W. 250, 546, 549, 613
Smith, L. W. L. 325
Smith, O. H. 420
Smith, Paul I. 87(2)
Smith, R. C. T. 165, 179(3), 180, 181, 232
Smith, Rebecca H. 755
Smith, R. L. 305
Smith, S. E. 678
Smith, S. L. 404. 893
Smith, W. H. 536(2)
Smith, Walton R. 617
Smithells, Colin J. 80
Smull, Leland K. 156, 162
Smyth, D. P. R. 960
Smyth, E. 928
Sneddon, I. N. 531
Snell, C. 533
Sniderman, A. 526
Snyder 420
Snyder, F. D. 426, 619
Snyder, F. L. Ver 829
Snyder, G. L. 781
Snyder, J. A. 362
Snyder, J. S. 609
Soane, G. E. 394, 718
Söchting, Fritz 78, 273, 975
Söhne, Walter 881
Soete, W. 611, 759, 775
Sofer, G. A. 411
Sohn, Jesse S. 549, 598, 675(2)
Sohn, J. 689
Sokolnikoff, Ivan S. 79
Sokolovski, N. N. 563
Solar, Franz 557, 725
Solvey, J. 504(2), 910(2), 913, 988
Somdal, J. A. 830
van Someren, E. H. S. 701, 702
Sommer, A. 208(2)
Sommer, Paul 808, 810, 814(3)
Sommerer, J. G. 960
Sondermaier, J. 899
Sonneborn, R. H. 416
Sonnemann, G. 281
Sonnemann, H. 450, 633
Sonnenschein, Heinz 148, 152
Sonntag, Gerhard 89, 236, 248, 252, 492, 517, 658, 798
Sonntag, J. 552
Sonntag, Rudolf 215, 218(2), 267(2), 487, 488, 496(2), 533, 573, 574, 902
Sopwith, D. G. 459, 561(2), 562, 571(2), 574, 646
Sorg, F. 917
Soroka, W. W. 273, 286
Sorrell, S. E. 86
Sorsa, Bror 618
Sossenheimer, H. 572, 982
Sossinka, H. G. 766
Sotoff, A. W. 161
Sottorf, W. 941
Sourochnikoff, B. 511
Southwell, P. H. 110
Southwell, Richard Vynne 74, 162(2), 173, 206, 249, 272(2), 468, 487, 499, 508, 514
Sowa, F. W. 599
Sowter, A. B. 695, 696
Spaetgens, T. W. 286
Späth, Wilhelm 102, 271, 292(2), 588, 674(2), 748
Spagnola, Ralph 734
Spalding, D. P. 421
Spalding, F. 906
Sparkes, S. R. 261, 670
Sparks, Br. O. 907
Spear, P. 672
Spear, R. E. 352
Specht, K. 651(2), 673
Speer, J. R. 771
Speer, Siegfried 769
Speiser, Heinz 834(4)
Speller, F. N. 92, 548, 556
Spencer, Charles C. 327
Spencer, K. T. 919
Spencer, Lester F. 658, 662, 670, 672(2), 674(2), 685, 703(2), 706
Spendelow, Howard R. jr. 322, 323, 374
Sperling, E. 849(2), 854
Sperry, William C. 189
Spescha, M. 880, 965, 969, 971(2)
Speth, K. H. 840
Spiegel, Adolf 244
van Spiegel, T. 927
Spieker, W. 965
Spies, G. J. 626(2)
Spies, R. 853
Spieß, H. 951
von Spiess, Silvio 160
Spilker, A. 155, 282, 766
Spiller, Hans 151, 156, 591
Spinedi, P. 372

Spinner, Walter 967
Spiotta, R. H. 841
Spitaler, P. 358
Spiwak, L. 858
Spizig, S. 663
Sponder, E. 273
Spooner, R. C. 729
Spotts, Merhyle F. 104, 248, 258, 576
Sprague, G. R. 421
Sprenger, Richard 411, 580
Sprenger, H. 732
Spretnak, J. W. 363, 368, 446
Spring, Harry M. 109
Springer, Arthur 87, 420
Springer, Burdell L. 259
Sproule 748
Sprowls, D. O. 552(2)
Spruance,, F. P. jr. 436
Sprungmann, Karl 758
Spruth, Fritz 113(2), 960
Sri Ram, G. 484
Srinath, L. S. 153, 160, 256(2)
Ssorokin, Ss. J. 662
Staack, Jürgen 74
Stache, F. 893
Stadelmann, Werner 899, 957(2), 978, 982
Stäblein, F. 581, 757
Staedel, Wilhelm 570(2), 644(2)
Stäger, A. 390, 396
Stäger, Hans 80, 404, 410, 614, 717, 718
Stähli, Gustav 444, 458(4), 459, 815
Staff, C. E. 405, 406, 745(2)
Stafford, C. E. 137
Stafford, M. 858
Stahl, Günter 820
Stalhuth, W. E. 480
Stambaugh, R. B. 755
Stambke, Kurt 758
Stamer, Johannes 380, 642, 643
Stamm, A. J. 388(2), 403(6), 749
Stamm, Cour. 977
Stanbridge, V. E. 732
Stang, Ambrose H. 201(2), 238, 288, 490, 529, 530
Stange, K. 247
Stanley, George W. 858
Stanley, Wallace A. 98, 782(2)
Stanners, J. F. 556
Stanton, F. P. 762
Stanton, John S. 767
Stap, M. 654
Staples, R. T. 338, 656
Stark 870
Stark, H. J. 464
Stark, L. E. 548
Stark, R. E. 375
Starkey, R. D. 526, 592
Starkey, W. L. 447, 523
Starnberg, W. 502
Starr, C. D. 338
Starr, J. 679
Starr, John 799, 803
Stassi-D'Alia, F. 240
Stastny, Fritz 417, 889
Statler, W. H. 932
Staudacher, E. 263, 797
Staudinger, H. 639, 645(2)
Stauffer, Werner 308, 312, 328, 329
Staugaitis, C. L. 576
Stavrolakis, J. A. 375
Stedfeld, Robert L. 302, 434
Stedman, G. E. 836
Steed, R. W. 74
Steeds, W. 110
Steel, H. J. 576
Steel, Joseph W. 869
Steele, M. C. 235, 840
Steele, R. C. 720
Steele, T. K. 191
Steenberg, B. 426
Steer, A. T. 727
Stefaniak, H. St. 273(2)
Stegmann, Günther 397
Steigenberger, O. 808
Stein, Manuel 174(2), 190, 194, 226(4), 227, 228, 229, 230, 231, 236, 238, 242, 245, 499, 912, 913(2)
Stein, Otto 175, 985
Stein, Philipp 973
Steinack, Fritz 150
Steinbacher, F. R. 112, 255
Steinberg, Fritz 721, 722
Steinberger, A. W. 314, 685
Steinborn, B. 417, 418(4), 944
Steinbuch, M. L. 326
Steinecke, H. 829
Steinemer, K. 731
Steiner, C. 579
Steiner, E. R. 854
Steiner, Klaus 402, 403
Steiner, R. H. 415(2)
Steinhardt, Otto 154, 155, 164, 628, 634, 637, 641(2), 980, 983(2)
Steinitz, Otto 480, 486
Steinman, D. B. 976, 980
Steinmann, G. 980
Steinrath, G. 548

S

Steinrath, Heinrich 542, 543
Stelljes, Hermann A. J. 659, 670, 671, 770
Stengel, K. 862
Stenzel, F. 800, 898
Stepanow, E. G. 819
Stephan, H. 579
Stephan, Paul 113
Stephens, Boyd C. 276, 470
Stephens, Kathleen M. 203
Stephenson, Bertrand H. 940
Stephenson, F. H. 365
Stephenson, Henson K. 789
Stephenson, W. B. jr. 829
Stepniewski, W. 196
Stern, E. George 395, 637(4), 638(2), 644
Stern, F. B. jr. 761, 769(2), 770
Stern, G. 572(2), 648, 825
Stern, H. J. 421
Stern, M. 549, 556
Stern, Max 960
Sternberg, E. 201, 249, 252, 493, 529, 530, 531
Sternberg, W. 817
Sterne, Theodor E. 236
Sterner-Rainer, R. 459, 562, 580, 581, 808, 811, 885
Stetza, G. 856, 862, 864
Steudel, H. 579, 748, 784, 897
Steuding, H. 147, 903
Steuermann, E. 468
Steurer, Wolfgang 458, 526
Steven, W. 329
Stevens, Charles E. jr. 779
Stevens, Claud L. 660, 868
Stevens, F. 942
Stevens, J. H. 952
Stevens, W. C. 387(2), 665, 666(2)
Stevenson, F. H. 368, 372(2), 696
Stevenson, J. K. 407
Stevenson, J. R. 841
Stevenson, K. M. 942
Stewart, F. S. 112
Stewart, H. 508
Stewart, M. T. 374(2)
Stewart, R. S. 360
Stewart, R. W. 152, 156, 159
Stewart, Thelma 139
Stewart, V. H. 879
Stewart, William C. 829
Stewart, W. C. 641
Stewart, W. D. 656
Stiasni, Chr. 877
Stickley, G. W. 338, 459(3), 460, 536, 606, 833
Stieda, W. 255(2), 308, 748, 906, 932(2), 935
Stieger, H. J. 903
Stieglitz, A. 811
Stieglitz, William I. 901
Stieler, Const. 94, 102, 677, 784, 850
Stieler, M. 523
Stiffel, Rudolf 186
Stiles, L. F. 899
Stiles, W. B. 209, 219
Stiller, H. 558
Stippes, M. 210, 211, 214, 215
Stitt, J. R. 683
Stitz, E. O. 586
Stober, Walter 666
Stock, Paul 875
Stockely, J. M. 584
Stocker, O. A. 721
Stockmar, Otto 709, 854, 861, 956, 959, 983, 984
Stocks, C. H. 890
Stockton, F. D. 799
Stoeckhert, K. 86
Stoeckley, E. E. 571
Stöcklin 86
Stoff, G. L. 797
Stoherbatcheff, G. 245
Stoiloff, Wassil 77
Stokeld, F. E. 660, 664
Stoker, J. J. 166, 170, 172
Stokey, W. F. 281
Stolle, H. W. 146
Stolley, Irmgard 402
Stolte, E. 421, 807, 889
Stoltenburg, Wilhelm 978
Stone, Archie A. 108
Stöne, I. 181, 372, 800, 828, 829, 954
Stone, Melvin 911
Stonebrook, E. E. 654
Stoneburner, P. W. 638, 648
Stoner, E. F. 660, 667
Stones, A. W. 690
Stoop, J. 314, 685
Stoops, Robert F. 376
Storch, K. 439
Storchheim, Samuel 567, 652
Stout, L. E. 389, 425
Stout, Robert D. 300, 455, 456, 530, 597, 609
Stowell, Elbridge Z. 140(2), 166(2), 167, 170, 172, 174, 175(2), 183, 225, 237, 239, 473, 474, 475, 476(2), 482, 484, 488, 505, 515(2)

Stoy, Wilhelm 77, 95(4), 265, 268, 380, 615, 624, 635(2), 636(2), 638(2), 644, 647, 648, 983
Stradthausen, E. 113
Stradtmann, F. H. 103, 790
Strasburger, Erich 703
Straschill, M. 728
Strassburg, Werner 302(2)
Strasser, A. 191
Strasser, F. 664
Straßner, Albert 74
Strate, George J. 663
Stratenberg 777
Straub, Hans 208
Straub, J. C. 588
Straube, E. 270
Straumanis, M. E. 362, 368
Strauß, E. 820
Street, J. N. 418
Streeter, J. 950
Streicher, Michael A. 774
Strenge, H. 584, 835
Stricklen, R. 726
Striedieck, H. 483
Strieter, F. P. 359
Strigl, Georg 146, 159
Stroebe, H. 852, 863
Strömberg, L. A. 762, 772
von Stroh, Gerald 781
Strohauer, Rudolf 579(2), 580, 581
Strom, P. O. 552, 553
Stromberger, C. B. 746
Stromberger, Karl 841
Stroppel, Theodor 133(9), 834, 883(4), 884(3)
Strub, R. A. 235
Struck, E. 853
Strunz, Ludwig 107
Struss, Richard 859, 887, 888, 889, 893
Strutz, C. R. 849
Stryker, C. E. 735
Stuart, William C. 360
Stubner, F. W. 513
Studer, H. L. 920, 921
Stüper 948
Stüssi, D. 986
Stüssi, Fritz 74(3), 114, 149, 170, 171, 211, 220, 222, 262, 263, 290, 382(2), 448, 506, 596, 973, 974(2), 975, 976(2), 981, 986
Stulen, F. B. 521
Stump, E. 880
Stumpf, H. 880
Stumpp, F. 577
Stupp 809
Sturm, Rolland G. 219, 236, 238, 250(2)
Sturzenegger, P. 117(2)
Sudasch, Erich 94, 98, 99, 840
Suenson, E. 269, 380
Sugano, Minosaku 395
Sugarman, B. 409
Sugihara, Hikoichi 638
Sugiyama, M. 550
Suhr, Otto 342, 965, 979
Suida, Hermann 91
Sullivan, D. P. 242
Sullivan, G. F. 818
Sullivan, J. E. 321, 341, 795
Sully, A. H. 80, 743
Sully, J. 356
Sulzberger, P. H. 381, 382, 385, 390(2), 395, 615, 616, 618
Sulzer, W. H. 656, 658
Summa, O. 778, 866
Sumner, K. G. 336
Suppus, Heinz 110, 795, 870, 881, 885, 894
Surgin, K. N. 627
Surmann, W. 887
Sussholz, B. 513
Sussman, Sidney 553
Sutcliffe, D. A. 359, 360, 361, 372
Suter, Ernst 74
Sutherland, R. L. 823
Sutherland, Hale 74, 114(2)
Sutherland, J. G. 737
Sutra, M. 893
Sutter, Karl 484, 793, 853
Sutton, H. 459, 692, 829, 902
Sutton, W. L. 950
Suzuki, Z. 282
Svahn, Olov 771
Sved, G. 988
Svennerud, Anders 894
Svenson, Otto 199, 466, 529, 531, 537, 759, 760, 761, 811(2), 868
Světnička, Františěk 522
Swain, A. J. 549
Swainger, K. H. 234, 489, 762
Swamy, S. K. 398
Swan, D. 598
Swanborough, F. G. 429
Swann, W. F. G. 407
Swarthout, W. 695, 706
Swartz, O. W. 591
Swazy, E. F. 360
Sweet, J. W. 368, 611
Swenson, George W. 764

Swickard, Andrew E. 904
Swida, Waldemar 152, 206(2), 215, 220, 489, 490, 491(2), 967
Swift, H. W. D. 669, 671, 770
Swindells, Norman 662
Swinnerton, N. W. 849
Swinyard, G. 333
Swoboda, H. 212
Swoboda, Karl 739
de Sy, Albert 325, 331
Sychrovsky, H. 321
Sydow, J. 137(2), 138(2), 139, 941(3)
Sykes, C. 308, 312
Sykes, E. C. 952
Sylvester, E. W. 688
Symonds, H. H. 549
Symonds, P. S. 146(3), 152, 153, 157(3), 158, 159(2), 466, 475, 516, 522, 530
Syre, R. 338, 346, 349
Szabó, István 214(4)
Szabó, Ö. 305
Szécsi, A. 477
Szegö, G. 279
Szelagowski, F. 181
v. Szénásy, St. 789, 878
Szigeti, P. R. 406
Szubinski, W. 594, 606
Szymanski, A. 851, 855, 864, 893, 895(2)

Tabak, A. 369
Tabakman, H. D. 507
Taber, A. P. 310
Tache, J. 214, 490, 540
Tachi, Isamu 423
Tack, G. W. 428
Tacvorian, S. 355
Taeng, T. H. 552
Taenzer, Wilhelm 117
Tait, W. H. 332, 582
Tajima, Sakae 728
Takabeya, Fukuhai 153, 159, 160
Takabeya, R. 159, 160(2)
Takahashi, N. 550
Takahashi, Toshie 948
Takakuwa, Fumie 431
Takasaki, Akinori 333
Takeuchi, M. 517
Talalay, J. A. 421
Talbot, A. M. 314
Tamblyn, N. 378, 428
Tamplin, H. L. 386
Tanaka, M. 299
Tandberg, J. 541
Tanglinger, K. W. 877
Tanimura, Hromu 328
Tann, J. G. 977
Tannahill, A. L. 762
Tanner 807
Tapsell, H. J. 318, 446, 456(2), 458
Tarasov, Leo P. 368, 453
Tarazza, Giacinto 156
Tardif, H. P. 313
Targoff, Walter P. 918
Tarkow, E. 403
Tarmann, B. 311
Taschinger, Otto 783, 846, 848(3), 850, 852, 853(4), 855(2), 861, 863(4), 864(4)
Tate, A. E. L. 603
Tate, Manford B. 261, 640
Tate, Newman 114
Tatham, R. 112, 505, 506, 911
Tatman, M. E. 343
Tatnall, Francis G. 445
Tatur, Andre 611
Taub, Josef 135(2), 514(4)
Taubert, Friedrich 143, 269
Tauscher, Herbert 300, 302, 456, 522
Tawell, A. G. A. 946
Taylor, C. E. 249, 767
Taylor, C. F. 105, 111
Taylor, D. B. C. 453
Taylor, D. W. 886
Taylor, E. S. 810, 944
Taylor, G. I. 201
Taylor, G. O. 885, 896
Taylor, H. F. 657
Taylor, H. G. 675, 677, 698
Taylor, J. 141, 154, 238(2), 505, 772, 989
Taylor, J. Lockwood 221, 236, 251, 490, 499, 503, 515, 517
Taylor, J. R. 407
Taylor, J. S. 237, 933(2)
Taylor, Lyman 80
Taylor, M. F. 900
Taylor, R. B. 387
Taylor, R. D. 774
Taylor, R. F. 693
Taylor, W. J. 459, 598
Teanby, P. M. 686, 697(2)
Tedds, D. F. B. 655
Tede, A. 87
Teed, P. Litherland 80, 289, 304, 357, 368(3), 446, 447, 448(2), 786, 901
Teeple, J. H. 737

T

Teichmann, Alfred 74, 112, 136(2), 137(2), 139, 199, 267, 464, 468(3), 469, 480, 507, 520(2), 521, 524(4), 632, 642(2), 643(2), 644, 898(2), 903, 904(3), 905(3), 915(2), 916(2), 920(6), 921(2), 923, 929, 941
Teichmann, Frederick K. 112, 242(2)
Telchow, G. 381, 386(2), 417, 418, 463
Telfair, D. 404, 405, 464
Telford, R. T. 689(2)
Tellers, H. 192, 903
Temple, J. E. 792
Templeton, H. 474, 918, 929
Templin, R. L. 343, 460, 461, 472, 538, 607, 739
Tenenbaum, M. 299
Tenner, Walter S. 603
Tereschtschenko, W. I. 895
Terner, E. 914
Terrell, O. D. 775
Terrington, B. J. 782
Tertian, R. 348
Terwiel, J. J. 107
v. Terzaghi, K. 109
Tesar, V. 765
Tester, Kurt 256
Tétart, M. 353
Tetzlaff, L. 957
Teubler, A. 569, 630, 633, 635
Tevler, E. V. 889
Tewes, K. 94, 98, 595
v. Thaden, H. 321
Thalau, Karl 74, 112, 135(3), 772, 902(5), 903(2), 989
Thebis, Reinhold 108
Theden, Gerda 438, 440, 730(2)
Theiler, Ch. 610
Theimer, Otto F. 974
Theiner 335, 388, 396, 408, 412, 520, 563, 703
Theis, A. 759
Theis, Erich 316, 320, 444, 757
Theis, Fritz 568
Theisinger, W. G. 310, 556
Theiß, E. 732
Theodorides, Ph. 633(2)
Theodorsen, Theodore 915, 916, 945
Theophanopoulos, N. 639
Theyer 712
Thibadeau, A. T. 730
Thiede, Joh. 869
Thiel, A. 496
Thiel, Günther 318
Thiel, R. 760
Thielemann, R. H. 827
Thielemann, Wilhelm 179, 180, 230, 508
von Thielmann, C. A. 402
Thielsch, Helmut 322, 622, 687(2), 688(2), 690, 691
Thieme, H. 564
Thien-Chi, Nguyen 901
Thier, Hermann 663
Thiersch, F. 572
Thinius, K. 86
Thirwell, J. B. 80
Thoelz, Willi 107
Thömke, H. 835
Thoenes, A. 898
Thoma, D. 253
Thomas, A. G. 202
Thomas, A. H. 552
Thomas, A. J. 263
Thomas, A. K. 93
Thomas, A. M. 423(2)
Thomas, C. 954
Thomas, D. E. 752(3), 753
Thomas, E. W. 567, 568
Thomas, F. 834
Thomas, F. M. 946
Thomas, F. P. 633
Thomas, F. W. 706
Thomas, G. B. 251
Thomas, H. C. 674
Thomas, M. 614
Thomas, P. M. A. 877, 878
Thomas, R. David jr. 688
Thomason, R. H. 404
Thomé, W. 934(2)
Thompson, A. G. 729, 783(2), 968
Thompson, E. W. H. 488, 497
Thompson, F. C. 286, 290, 667
Thompson, J. 338, 346, 560
Thompson, J. E. 951
Thompson, J. J. 261, 910
Thompson, J. M. jr. 372, 681
Thompson, M. de Kay 545
Thompson, P. F. 560
Thompson, S. P. 274
Thompson, T. M. 508
Thompson, W. 771
Thoms, A. 154, 155, 163
Thomsen, E. G. 344(2), 667
Thomson, A. G. 296
Thomson, R. F. 657, 749
Thomson, W. R. 107
Thomson, W. T. 476, 537
Thon, W. 791, 984
Thorn, C. 168, 206
Thorn, K. 243

T

Thorne, C. J. 206, 209(3), 210, 215
Thorne, G. T. 456
Thorne, J. P. 700
Thorne, R. G. 907
Thorneycroft, D. R. 689
Thornhill, R. S. 542
Thornton, A. E. 326
Thornton, D. Laugharne 513
Thornton, K. F. 647
Thornton, W. M. jr. 374
Thorpe, P. L. 352
Thrall, E. W. jr. 590
Thran, Ullrich 142, 164, 975
Thürlimann, Bruno 230, 244, 466
Thum, August 94, 132(2), 134, 199, 259, 287(3), 293, 317(2), 318, 320, 325, 329(2), 330(9), 396, 410, 411(2), 419, 420, 443, 444, 449(2), 450, 456, 457, 463, 464(5), 465(13), 466(5), 467, 487, 488, 514, 518(11), 519(6), 520(2), 524(3), 525, 526, 528(3), 529, 531, 533(4), 534(7), 535(3), 536, 537, 561(7), 562(2), 570(4), 577, 578, 579, 580, 588(2), 590, 595, 604(3), 605(4), 606(2), 639(3), 640, 641, 642, 644(2), 645(5), 720, 738, 746(2), 751, 759, 761, 765(2), 776(9), 778, 781, 785(4), 789, 804(5), 808, 810(3), 811, 866(2), 867(2), 868(2), 879
Thumin, G. 629
Thunell, Bertil 385
Thurnauer, H. 353
Thurston, Albert Peter 112
Thurston, F. R. 229
Thurston, J. W. G. 890
Thurston, R. C. A. 539, 646
Thury, W. 346
Thuss, W. 588
Tibbits, K. W. 951
Tichvinsky, L. M. 580
Tiemann, H. D. 403
Tierney, W. D. 543
Tietjen, Hermann 643, 966
Tietz, T. E. 345, 349, 350
Tiffin, W. T. 363
Tigelaar, Jac H. 716(2), 717
Tillett, J. P. A. 518
Tillmanns, H. E. 450
Tiltmann, A. H. 898
Timman, R. 927
Timmerbeil, F. W. 671
Timoshenko, Stephen 74(3), 76(4), 78(2), 90(3), 91(5), 208, 469, 536, 972
Timpe, A. 496, 501
Tindula, Roy W. 655
Tinklepaugh, J. R. 363
Tipler, H. R. 314
Tipper, C. F. Elam 303, 530, 596
Tisch, F. P. 571
Tisch, Henry A. 407
Tittelbach, F. 845, 859
Titterton, George F. 80, 112
Titze, Th. 75
Tochtermann, W. 104
Tödter, H. 951
Tödter, W. 308
Tögel, Karl 987
Toeldte, Walter 438, 614, 746
Tölke, Friedrich 114, 235, 236, 238, 239, 245, 247, 248, 250, 468
Tölken, Onno 592, 784, 894
Töpelmann, J. 850
Töpfer, C. 903, 904, 930
Tör, Sadun S. 300, 609
Török, B. 832
Tofaute, Walter 321, 550, 553
Toft, L. H. 308
Tokarcik, A. G. 770
Toll, R. H. 695
Tolle, O. 148
Tolley, G. 547, 722
Tomlinson, J. E. 701, 894
Tomlinson, R. 665
Toms, C. F. 906
Tonski, Albert 161(3), 267(2), 572, 641, 642, 758, 772, 910, 931(2), 932
Tooley, D. A. 431, 716, 717(2), 912
Toolin, P. R. 447, 539
Topaloff, B. 144
Topp, N. E. 800
Torda, G. 75
Tordion, C. V. 492
Toriumi, Hachiro 618
Toriyama, Taro 348
Torrajo, E. 978
Torre, C. 189, 288, 290(2)
Torre, Kuzma 188
Tottle, C. R. 330(2)
Tour, Sam 732
Tourancheau, A. L. 106
Tournaire, Marcel 346, 900
Tournier, P. 834
Tournon, A. 841, 955
Towle, H. G. jr. 822
Trabuco, L. 274
Trachte, Karl 453
Tracy, G. S. 368, 372
Traenkle, A. 271
Tränkner 648
Traill-Nash, R. W. 281

Tramborg, R. 984
Tramitz, Werner 117
Tramm, K. 152
Tranié, André 870, 875
Trathen, Roland H. 75, 91
Traub, Ernst 74, 976
Trayer, George W. 267(2), 269(2), 379, 496, 642, 643, 903(2)
Trefftz, Erich 75, 169, 174, 258, 495, 496, 606
Treiano, A. R. 369
Treiber 985
Trela, E. 353
Treloar, L. R. G. 87
Tremain, G. R. 446
Tremlett, H. F. 685, 688, 689, 690
Tremolada, G. 819
Trent, E. M. 361
Treptow, K.-H. 663
Treseder, Robert C. 948, 988
Trevor, John S. 414, 425
Trey, F. 613
Triebel, W. 957, 965
Triebnigg, H. 590, 829
Trier, H. 586, 589
Trietsch, F. K. 416, 431, 622
Trifan, D. 213
Trigg, C. F. 92
Trivouss, A. 770
Troche, Alfred 77(2), 95(2), 263, 264(2), 265, 266(5), 269, 270(4), 636(3), 637, 643(3), 647(2), 648(2)
Trösch, A. 280, 512
Troesch, Max 873
Troiano, A. R. 302, 315
Trommer, Werner 327
Troost, Alex 447, 526, 527(2)
Troschel 88, 100
Trossen, Walter 307, 595
Trost, A. 754
Trost, Willi 133, 834, 884(2)
Troutman, John L. 196
Troxell, W. W. 182(2), 800
Truax, T. R. 388, 614, 616, 711(2)
Trubert, M. 918
Truckenmiller, W. C. 366, 599
Truesdell, C. 256, 257
Truman, J. E. 550, 555
Trunschitz, Valentin 684
Truscott, Starr 507
Truxal, J. G. 943
Trylinski, W. 844
Tryon, Max 421
Trysna, Franz 116, 263, 266, 270(2), 647, 958, 965, 970
Trzeciak, B. 663
Tsang, S. 455
Tschanter, E. 980
Tschauner, Johann 974
Tschech, E. 640, 908, 932(2)
Tschernobajew, N. J. 656
Tsien, Hsue-Shen 232, 250, 480, 509
Tsuya, K. 575
Tucker, C. W. jr. 753
Tucker, J. T. jr. 454, 760
Tucker, Maurice 759
Tuckerman, L. B. 239, 471, 507, 738
Tuer, G. L. 530
Türcke, H. 598, 678, 686
Türk, W. 757
Tuft, T. D. 591
Tuliszka, E. 829
Tulloch, Helen A. 927
Tumara, Masumitu 274
Tumarkin, S. 215
Tungl, E. 211, 467, 477
Tuovila, W. J. 927
Tupholme, C. B. 323
Tuplin, W. A. 587, 588
Tupper, S. J. 240
Turbett, F. J. 611
Turhill, R. W. 679
Turnbull, J. 885(4)
Turnbull, James 894
Turnbull, J. G. M. 753
Turnbull, J. S. 654
Turneaure, F. E. 72
Turner, Dale H. 402
Turner, E. L. 690
Turner, F. 141, 901, 911
Turner, H. D. 400, 412
Turner, N. 387(5), 394(3), 665, 666(3), 716
Turner, P. S. 389, 404, 411(2), 412, 796
Turner, P. W. 578
Turré, G. 830
Turunen, W. A. 825
Tussing, Fr. 764, 979
Tustin, A. 942
Tuthill, R. W. 681
Tuttle, O. S. 413, 800
Twidle, A. 651, 845
Tye, Walter 140, 154, 254(2), 470, 902, 907, 931, 988
Tylecote, R. F. 602, 692, 694(3), 695(2), 696, 697(2), 700, 703
Tyler, C. M. jr. 485, 493, 510
Tyler, W. W. 368
Tyson, F. 803
Tyson, G. 943

U/V

Ude, Hans 329, 330(2), 456, 519, 534, 776(2), 777, 785
Udoguchi, Teruyoshi 279
Uebel, Fr. 497
Ueno, M. 575
Uetz, H. 421, 632
Ugrenović, A. 381(2)
Uhlemann, K. 449, 534, 667
Uhlig, Herbert H. 88, 92, 100, 102, 363, 543, 549, 556
Uhlir, E. 592, 598, 599, 609, 686
Ulbricht, Rudolf 781, 789, 790
Ullmann, E. 888
Ullmann, K. 846, 870
Ulrich, A. 278
Ulrich, Bernhard 156
Ulrich, B. H. 467
Ulrich, Fr. 675
Ulrich, Max 586(2), 587(2), 737, 868
Ulrich, Th. 874
Ulsenheimer, Gottfried 168
Ulsenheimer, 581, 814
Umstätter, Hans 320(2)
Unckel, H. A. 341, 780
Underhill, R. F. jr. 684
Underwood, Arthur F. 583
Unold, Georg 75, 142, 153
Upson, Ralph H. 196, 205
Urech, P. 440
Urquhart, Leonhard C. 114
Urri, S. A. 91
Ushioda, Toyoji 348
Usui, T. 670
Utesch, F. 985
Utida, Ikuo 277, 946
Utley, E. C. 447, 539

Vacher, H. C. 752
Vachet, P. 344
Vaders, E. 579, 580, 585
Väth, A. 96, 899(2)
Vaget, Hans 402
Vajda, J. 305
Vale, C. P. 86
Vale, John W. 112
Valentin, Wilhelm 152, 158, 160
Valette, R. 116
Valeur, Jaques 347, 855, 858, 870, 873
Valid, R. 773
Vallance, A. 93
Vallat, P. 75, 76
de Valroger, P. 946
Vályi, Imre 630
Vanderploeg, E. J. 664
Vannutelli, R. 939
Vardanega, V. 939(2)
Varela, M. T. 348
Varley, P. C. 348
Varriot, E. 591
Vásárhelyi, D. 203, 767, 768
Vasilesco, F. 224, 474
Vasta, John 597, 890, 891
Vater, E. J. 641
Vatter, A. 88
Vaughan, E. J. 88, 99
Vaughan, R. L. 954
Vaupel, Otto 611, 748, 749(2), 752
Vawter, Jamison 74, 91
van der Veen, J. H. 743
Vellay, E. 469
Veneklasen, R. 370
Venet, J. 888, 895
Vennerholm, Gustav 660, 868
Venus, J. 886
Verdeyen, Jaques 786, 790
Verduzio, Rudolfo 135
Verhovsek, R. 111
Verink, E. D. jr. 837
Vernet, J. F. 918
Vernon, W. H. J. 542, 548
Versollmann, W. 162, 472
Viart, F. 719
Vickers, F. P. 613
Victor, Maurice 354, 834, 849, 853, 854, 870, 873(2), 874, 876(2), 883, 967, 968(2), 969(2), 971(2), 983
Vidal, Georges 320, 447, 456, 747, 764
Vidal, Pierre 886, 890(3), 891, 892(2), 893, 894(3), 958
Vidosic, J. P. 409
Vidts, J. 325
Vieregge, Günther 960
Vieregge, H. F. 287
Vierhaus, E. 324, 436, 885, 887, 889
Vierling, Albert 955(2), 956, 984(3), 985
Vieweg, Richard 417, 745
Viggiano, Louis R. 253
Viglione, Joseph 372
Vigness, I. 515, 516, 571
Villière, A. 87
Vincent, E. T. 107
Vinsonneau, F. 954
Vinsonneau, M. 497
Viola, Tullio 923
Viscovich, Steven J. 472
Visin, Robert J. 588
Vitovec, F. 289, 292, 455, 467, 468

Vlasow, V. S. 232, 235, 249, 261
van Vleet, E. M. 548
van Voast, James 372
Voce, E. 289
Vocke, E. 962
Vocke, Wolfgang 807
Vodicka, V. 218
Vögeli, R. 831
Völker, G. 569
Völker, Wilhelm 309
Voelskow, Peter 400
Vogel, E. 875
Vogel, F. 83
Vogel, Frederiek H. 439
Vogel, K. 671
Vogel, Otto 100, 543
Vogel, R. 641
Vogel, R. E. 398, 401
Vogel, Rudolf 149, 979
Vogel, Walter 956
Vogel, W. F. 933
Vogt, C. J. 584
Vogt, F. 628, 630, 642
Vogt, Frank W. 581, 583
Vogt, H. 483, 789
Vogt, Richard 135, 902, 903(2), 906(2), 944(2)
Voigt, H. 564, 921, 922, 924(2), 929, 932
Voigt, Paul 658, 674, 703, 704(2), 721, 784
Voigtländer, O. 661
Vojnich, P. 837
Voldrich, C. B. 365, 596, 597, 599, 602, 607, 608, 682, 685(2), 697, 700, 893
Volk, Carl Erich 443, 563, 722, 724, 775
Volkersen, Olaf 627, 639, 907
Vollbrecht, E. 193, 246
Vollers, C. 686, 687
Vollmar, M. 284, 808
Vollmer, A. 775
Volmerange, A. 136
Volterra, E. 286, 492, 494(2)
van de Vooren, A. I. 917, 918, 925, 926(2), 927(2)
Vopat, William A. 107
Vorbach, O. 883
Vordahl, M. B. 363, 369
Voress, H. E. 368
Vorreiter, Leopold 84, 385, 396, 397, 403, 404, 617
Vos, P. B. 892
Voss, Arnold W. 179(2), 180, 184(2), 185(2), 197(2), 490, 767, 802
Voss, Hermann 297
Voss, K. H. 960
Voss, Klaus 398
v. Voss, R. 109
Voss, W. 425
Voßkühler, Hugo 336, 341, 342(3), 344, 346, 349, 350(2), 353(2), 356, 358, 545(2), 559, 724, 740
Votta, F. A. jr. 575, 759
Vox, P. B. 594
Vrain, M. G. 263
Vreedenburgh, C. G. J. 244, 257, 592
de Vries, Gerhard 274, 772(3), 917(2), 918(2), 924, 927
de Vries, Karl 474
Vrink, E. D. jr. 792

Waas, Heinrich 811
Waber, J. T. 558
Waché, Xavier 320
Wackermann, E. 107
Wada, Goro 553
Waddington, E. S. 684
Wängsjö, Hans 600
Waeser, B. 376
Wästlund, Georg 143, 475, 489(2), 505
Wagenbach 199
Wagenblast, W. 645
Waghorne, M. 666
Wagner, A. 860
Wagner, C. 721
Wagner, E. 102, 432
Wagner, E. 722
Wagner, G. 852(2)
Wagner, H. 433
Wagner, H. 784
Wagner, Hans 88
Wagner, Herbert 91, 112, 161(2), 164, 192(2), 193, 194(3), 195(2), 222, 223, 230(3), 231(3), 239, 251, 468(2), 485(4), 486(2), 898, 906, 930(2), 940
Wagner, K. M. 722
Wagner, L. E. 599
Wagner, Richard 457
Wagner, R. H. 551(2)
Wagner, W. 799
Wahed, Sayed Abd El 145
Wahl, A. M. 320, 576
Wahl, Hans 771
Wahl, M. 198
Wahl, Norman E. 801
Waibel 595
Wainwright, C. 584
Waisman, J. L. 560, 728

W

Waite, M. J. 697
Wake, W. C. 87
Wakefield, John E. 731
Wakefield, W. E. 387
Wald, G. G. 301
Walden, E. 368
Waldhauser, Ilona 774
Waldron, L. J. 546
Waldschmidt, E. K. 310
v. Waldstätter, K. 848, 853
Walk, Albert 133
Walker, D. G. 301
Walker, D. V. 826
Walker, E. W. 470
Walker, H. 587
Walker, H. L. 364
Walker, J. E. 949
Walker, J. S. 670, 671
Walker, P. B. 141, 521, 759, 760, 786, 910, 913, 915, 922, 929, 933, 934, 936(2)
Walker, Valda Y. 397
Walker, W. F. 956, 957
Walker, Walter G. 902
Wallace, D. 708
Wallace, F. J. 690
Wallace, G. F. 931
Wallace, J. F. 326
Wallace, Paul Wayne 483, 488
Wallder, V. T. 408
Waller, Goeffrey 107
Wallerstein, L. jr. 944
Walley, Francis 566
Wallgren, G. 452, 460, 462, 521(5), 523, 537, 539, 616, 623, 641, 643, 646
Wallgren, P. A. 541
Wallichs, A. 97
Wallichs, R. 97
Wallmannsberger, G. 150
Walls, F. J. 939
Walser, H. 680
Walter, F. 574, 924(2), 929(2)
Walter, I. 482, 905
Walter, K. 835, 970
Walter, L. 419
Walter, M. A. 763
Walter, R. 431
Walter, Viktor 695
Walters, R. T. 616
Walther, F. 571, 642
Walther, W. D. 657
Waltking, Friedrich Wilhelm 282(2), 977(2), 978
Walton, C. J. 552(2)
Walton, G. F. 916
Walz, Karlheinz 299
Wan, C. C. 181, 236, 476
Wandeberg, E. 407, 736(2)
Wang, A. J. 533
Wang, Chi-Teh 173, 190, 191, 209(2), 218, 242(5), 255, 474
Wang, Chu-Kia 75
Wang, Lung Fu 169, 188
Wang, Tsun Kuei 194, 244, 251, 489
Wangaard, Frederick F. 84, 384, 665, 666
Wanke, Josef 149, 153, 974, 985(2)
Wanke, K. G. 837
Wansleben, Fritz 103, 144, 162, 164, 227, 499, 789(2), 960, 977, 979
Wanzenried, H. 211, 220, 222
Warburton, G. B. 281
Ward, J. 766
Ward, J. O. 315, 320
Ward, J. M. 833
Ward, N. F. 936
Ward, W. C. 383
Warden, H. H. 947, 948
Wardle, M. C. 761
Warner, Edward P. 902, 903
Waring-Brown, R. 934(2)
Warning, T. 814
Warnock, F. V. 80, 298, 303, 453, 513(2)
Warren, W. G. 609
Warrington, H. G. 357, 358
Wasilewski, R. J. 372(2)
Wasmuht, Roland 309, 682
Wassell, F. A. 693
Wasserman, Lee S. 899
Wasserman, R. D. 678
Wassermann, Günther 541, 558, 559, 581, 773
Wassiljew, G. W. 733
Wassutinsky, S. D. 813
Watanabe, Haruo 431
Watanabe, K. 915
Watanabe, W. 277
Watanabe, Y. 272
Waterfall, F. D. 299
Waters, H. 493
Watkins, Ch. E. 925
Watkins, G. L. R. 890, 896
Watkins, M. T. 313
Watson, C. G. 568, 961
Watson, T. 98, 675, 683, 686
Watt, John R. 295
Watt, W. 354, 827
Watter, Michael 506, 789
Watts, G. W. 240(2), 241, 250(2)
Waugh, H. C. 599, 688

W

Way, St. 176
Wayman, C. M. 371
Weatherwax, R. C. 749
Weaver, C. W. 828
Weaver, D. S. jr. 404
Weaver, Elmer R. 548
Webb, L. D. 945
Webber, H. M. 706(2)
Webbere, F. J. 657
Weber, A. P. 971
Weber, Constantin 78, 91, 178, 193, 202, 218, 486(2), 495(3), 496(2), 504(3), 506, 527(2), 528(2), 529, 588(2)
Weber, Erhard 205
Weber, Franz 107
Weber, G. 908, 988
Weber, Hans R. 212, 219
Weber, Helmut 641
Weber, Richard 93, 373, 581
Weber, Robert 917, 918, 925, 926
Weber, Robert L. 196
Webster, Constance 666
Weck, R. 591(2), 596, 599, 607, 608(2), 609(3), 676(2), 782, 894
Wedemeyer, E. A. 809, 810
Wedemeyer, E. 570
Wedl, Hermann 566(2)
Wedler, Bernhard 69, 115(2), 143(3), 967, 977
Weeber, Helmut 754
Weeks, G. W. 669
Weening, S. 789
Wegelius, E. 947
Wegener, A. 75
Wegener, U. 199, 221, 472
Wegener, Walther 432(2), 433(4)
Wegerhoff, E. 682, 689
Wegmann, Emil 680
Wegner, W. 255(2)
Wegner, Udo 221, 472
Wehle, L. B. jr. 146
Wehmer, Fred 427
von Wehrenalp, Erwin Barth 86
Wehrse, Fr. 405, 797
Weibel, E. E. 273(2)
Weibull, Ivar 571, 609
Weibull, Waloddi 445, 447(2), 448, 454, 462, 466, 523, 527, 539, 603, 610, 622, 625, 632, 635
Weichelt, W. 327
Weick, Fred E. 944(2), 946
Weidenhammer, Fritz 279, 280(2), 477
Weidig, W. 358
Weidle, R. 781
Weidmann 626
Weigand 212
Weigand, Arthur 272(2), 276, 285, 498(4), 499, 573(2), 575, 814
Weigand, R. 92, 580, 581, 814
Weigel, Wolfgang 86, 103, 408
Weigelt, Herta 352
Weil, Gustav 143
Weiler, Otto 770
Weill, A. D. 99
Weill, A. R. 291
Weinberg, J. G. 539
Weinberger, H. F. 502
Weinberger, R. 328
Weinberger, Robert A. 188, 189(2), 414, 474
Weinblum, G. 626
Weinbrenner, E. 417
Weinel, Ernst 204, 224, 496, 529
Weiner, R. 722
Weinert, Otto 852
Weingarten, Adolf 379
Weinhold, Josef 163(2), 164, 382, 473, 481(3), 509, 510, 906(2), 907(2), 982
Weinhold, S. 719
Weinhold, W. 719
Weinig, F. 941
Weinstein, Alexander 205, 500, 501, 506
Weir, C. D. 774
Weisbart, Hans 416
Weise, Fritz 966(3)
Weisgerber, J. 955, 956
Weiskopf, W. H. 484
Weisman, M. H. 454
Weiss, Franz 86
Weiss, H. J. 203
Weiss, K. R. 743
Weiss, Wilhelm 982
Weiß, H. 450, 451, 528, 535, 595, 761
Weissberg, S. G. 434
Weiß, L. 580
Weith, Archie J. 97
Weith, Archie W. 86
Wei-zang, Chien 153
Welch, L. 416
Welch, W. A. 168
Welcker, W. A. jr. 306, 450
Weleff, Wassil 146
Weliczker, Leon 515
Weller, R. Edward F. jr. 497, 757, 765, 766
Wellinger, Karl 294(2), 296, 297, 302, 317, 331, 343, 349(2), 421, 455(2), 458(3), 521, 592, 596, 606, 629, 632, 641, 679, 739, 790

W

Wells, A. A. 202, 292, 492, 702, 840
Wells, Cyril 302, 305(2), 315, 900
Wells, N. J. 362
Wells, R. L. 823
Welsh, J. H. 491
Welsh, R. J. 107, 823
Welter, Georges 225(2), 226, 513, 514, 591, 608(2), 609, 610(3), 739, 841
Welty, G. D. 780, 945
Welz, Alfons 856
Wemple, E. L. 360
Wendehorst, Reinhard 115
Wendel, Kurt 68, 111
Wendt, Fr. 431, 432
Wenk, E. jr. 249, 516
Wenk, Hans 980
Wenk, Paul 707(2)
Wenk, Samuel A. 749
Wennagel, G. J. 499
Wensley, R. J. 705
Wentrup, H. 449
Wentz, W. W. 367
Wenzek, W. A. 229(2)
Wenzel, W. 690
Wenzinger, C. J. 935
Werfel, A. 263
Werk, S. A. 748
Werkenthin 420
Werner, Eugen 88, 100
Werner, Eberhard 115
Werner, G. 870
Werner, Karl 427, 612, 756, 860
Werner, M. 542
Werner, W. 404, 868
Wernick, J. H. 653
Wernick, S. 100, 541, 652, 725, 726, 727, 730, 731
Wernitz, Walter 577, 936
Wernly, A. 657
Werren, Fred 178, 185, 217, 231, 391, 413, 414(7), 415(5), 644, 720, 775, 800, 801, 802, 803(2)
van der Werth, A. 87
Werthebach, Paul 316
Wesch, K. 545
Wescoat, C. F. 170, 245, 343(4), 563, 567, 630(2), 633
Wesley, W. A. 547
Wessell, E. T. 743
West, Edward G. 99, 692(2), 694, 695, 697, 698, 724, 795(2), 856, 885, 967(2)
West, J. B. 793
West, M. 945
Westberg, E. 319
Westbrook, Francis A. 427(2), 619
Westenberg, W. H. 744
Westergaard, H. M. 75, 76, 468
Westerman, A. B. 294
Westervelt, P. J. 625
Westfall, John R. 139(2)
Weston, D. 926
Westphal, R. C. 553
Westwater, J. W. 745
Westwood, J. V. 725
Wetternik, L. 316, 552
Wever, Franz 302(2), 444, 451, 748, 764
Weydert, J. C. 241
Weyel, Erhard 477
Weyl, Alfred Richard 135
Whaley, R. E. 914
Wheatley, John B. 258, 904
Wheeler, J. A. 312, 597, 682
Wheelon, O. A. 363, 365, 368, 952
Whetzel, J. C. 296
Whillans, M. E. 346
Whitaker, Marjorie 550, 668
Whitby, L. 554, 725
Whitby, G. S. 421
White, A. E. 309, 312, 317, 323, 324
White, Alfred H. 80
White, B. B. 421
White, E. 552
White, E. P. 795, 880, 958
White, J. A. 928(2)
White, Merit P. 513, 514, 515
White, R. J. 185
White, W. T. 278
Whitehead, L. G. 507
Whiteley, H. A. 660
Whitfield, M. G. 435, 713
Whiting, J. F. 697
Whitman, J. G. 314, 631, 686
Whitman, M. J. 442
Whittaker, Alan 654
Whittemore, H. L. 592
Whittingham, J. A. 670
Whitwham, D. 562
Whyte, M. 773
Wichmann, H. 673
Wichser, Otto 114
Wick, Charles H. 733, 954
Wick, Manfred 421(2)
Wickersham, P. D. 516
Wickham, Robert 373
v. Widdern, H. C. 764
Widemann, M. 610
Wideröe, R. 754
Widmer, G. 703
Widmer, H. 833

Widrig, S. L. 588
Wiechell, H. 795
Wiedemann, Erich 154, 162(2), 218, 224
Wiederholt, Wilhelm 100, 102, 354, 439, 540, 541, 546, 556
Wiegand, F. J. 817
Wiegand, Heinrich 80, 95, 306, 334, 444, 450, 466, 518, 519(2), 520(2), 523, 535(2), 570, 573, 578, 610, 639, 645(6), 659, 720, 721(2), 732(3), 757, 777, 807, 811, 812(3), 813(3), 814(2), 815(2), 818, 828
Wieghardt, K. 486
Wieland, Friedrich 758
Wielandt, H. 916
Wiemer, A. 524(2), 525(2), 585, 809, 811(2), 945, 946, 947(2)
Wiemer, H. 585
Wiens, G. 846, 850, 852, 853(2), 856
Wiepking, C. A. 382
Wier, J. E. 415, 614
Wierzbicki, W. 168, 510
Wiese, E. 784, 836
Wiesehuegel, E. G. 387
Wiesinger, A. 432(3)
Wiesner, Ernst 152, 264
Wiessner, Kurt 709
Wiester, Hans-Joachim 292, 594, 606
Wignot, J. E. 255, 938
van Wijngaarden, A. 185, 255(2), 498
Wilbur, J. B. 75
Wilcock, Donald F. 583(3)
Wilcock, R. 315(2)
Wild, J. P. 833
Wilde, F. 951
Wilde, W. C. 588
Wilder, A. B. 309, 310
Wilder, Thomas W. 476, 477, 913
Wildhack, W. A. 215
Wildschut, A. J. 87
Wilenko, L. K. 75
Wilhelm, Keith 663
Wilhelm, K. A. 372(2), 901
Wilhelm, O. 424
Wilke, Josef 151, 155
Wilke, K. D. 384
Wilkens, C. R. 747
Wilkes, G. B. 706
Wilkes, G. B. jr. 453
Wilkes, E. W. 241, 481
Wilkesmann, Friedrich-Walter 159, 220
Wilkie, J. B. 432
Wilkinson, F. J. 690
Wilkinson, Paul H. 107(2)
Wilkinson, R. G. 357, 358, 656
Wilkoff, Arthur E. 784
Wilks, Charles R. 326
Wilks, I. E. 622, 632
Willach, E. 615
Willatts, W. H. 799
Wille, Fritz 77, 116, 117(2), 152, 264(2), 265, 267, 271, 637, 966, 968
Willers, Fr. A. 166(2), 169, 170, 174(3), 199, 277
Willi, A. B. 580
William, D. 469
Williams, A. E. 566, 708
Williams, Clyde 334
Williams, Clifford D. 103
Williams, C. G. 814
Williams, D. 140, 150, 186, 238, 245(2), 252, 259(2), 260, 261, 273, 487, 497, 502, 503, 526, 592, 629, 898, 901, 906, 918, 920(2), 926, 932, 943
Williams, D. N. 368
Williams, E. L. 140
Williams, E. J. 379
Williams, F. S. 438
Williams, G. G. 709
Williams, Gordon T. 81
Williams, Harry A. 489, 492
Williams, J. 925
Williams, J. Howard 654
Williams, K. 912
Williams, L. W. 684
Williams, Morgan L. 203, 215, 301, 893, 912
Williams, R. D. 685
Williams, Samuel R. 102
Williams, S. V. 782
Williams, T. L. 555
Williams, W. Lee 363, 369, 453
Williams, W. M. 348
Williamson, N. W. 148
Williamson, R. A. 261
Williamson, R. V. 428
van der Willigen, P. C. 680, 685
Willis, A. H. 421
Willmore, T. J. 198, 530
Wills, H. A. 140, 268, 899(2)
Wilms, G. R. 289
Wilms, H. O. 577
Wilson, A. C. 368
Wilson, C. 336, 337, 815
Wilson, David M. 156
Wilson, D. V. 301
Wilson, J. J. 954
Wilson, J. K. 727
Wilson, J. L. 891
Wilson, John R. 828

W

Wilson, J. Watson 86, 746
Wilson, L. B. 695
Wilson, R. 676, 756
Wilson, T. R. C. 265, 269, 379(2), 382, 388, 618
Wilson, T. S. 498, 568
Wilson, W. 567
Wilson, W. E. 266
Wilson, W. J. 689, 701
Wilson, W. K. 285
Wilson, Wilbur M. 300, 525, 536, 596, 608, 609, 633, 634, 646
Windenburg, Dwight F. 482, 758
Winding, Charles C. 86
Windle, M. J. 345
Wingren, R. M. 104
Winkel, H. 91
Winkler, E. 755
Winkler, G. 882
Winlock, Joseph 301, 739
Winlund, E. S. 718(2)
Winning, J. 81
Winny, H. F. 905, 910
Winslow, A. M. 210
Winson, J. 759, 925, 929
Winsor, F. J. 557, 558, 601(3), 602(3), 607(2), 693(3), 694(2)
Winston, A. W. 356, 653
Winter, George 148, 156, 172, 473, 475, 483(2), 488(2), 489(2), 490, 510
Winter, H. 161
Winter, H. 589
Winter, H. 886
Winter, Hermann 236, 377, 378(2), 379, 384, 385(6), 388(2), 395, 396(3), 397, 400(3), 402(2), 403(2), 422, 424, 529, 615, 618, 622, 625, 643, 665(2), 712, 744(4), 786(3), 868, 900, 905, 931, 935(2), 987, 988
Wintergerst, Siegmund 409, 528, 704, 868
Winterhagen, Helmut 341
Winterton, K. 597, 682, 690
Wintle, A. 880
Winzer, Alice 505, 530
Wippenhohn, H. 409
Wirbitzky, G. 878(2)
Wirz, P. 829
Wise, Joseph A. 255
Wiseman, H. A. B. 348, 484
Wishart, H. B. 450
Wiß, W. 448, 449
Withey, Morton O. 90
Witt, E. C. 508
Witt, P. 163
Witt, H. P. 982
Witt, R. K. 414
Witte, F. 852
Witte, H. 896
Wittekind, F. 873
Witteman, G. P. 305
Witthof, J. 674
Witting, E. 680
Wittke, W. 875
Wittmeyer, H. 139, 916, 917, 922, 924, 929(2)
Wittmoser, Adalbert 81, 327, 328, 740
Wittrick, W. H. 173, 175(2), 183, 246, 261, 262, 493, 502, 910(2), 933
Wittstock, Kurt 491
Wittstock, P. 817
Wittwar, Paul 263, 266(2), 267
Witzig, E. 657
Wix, Heinrich 155
Wlodek, T. W. 455
Wögerbauer, Hugo 648, 785, 804, 844
Wölfle, F. 655
Woernle, R. 564
Woerz, G. 668
Woeste, F. 956
Wohllebe, E. 863
Woinowsky-Krieger, Sergius 154, 164, 169, 172, 198, 204, 206(2), 207(3), 216(2), 221, 277(2), 278, 283, 488
Wojtaszak, I. A. 208
Wolcoff, R. 674
Woldman, Norman E. 80, 899
Wolf 981
Wolf, A. M. 879
Wolf, Fritz 93, 577, 589, 641
Wolf, K. 836, 944
de Wolf, T. N. 770
Wolf, W. 986
Wolf, Werner A. 93, 575(2)
Wolff, A. 859
Wolff, E. B. 341, 379
Wolff, G. 915
Wolff, L. 663, 676, 677, 678, 679, 703(2)
v. Wolff, R. 923, 928
Wolff, Walter 708
Wolfowskaja, F. Ss. 687
Wolkow, Nikolai 156
Wolock, I. 409
Wolstenholme, W. E. 420
Wolter, K. H. 665, 740
Wolter, Theodor 329
Wood, A. D. 84
Wood, B. L. 961, 967
Wood, D. S. 348, 517, 740
Wood, G. 793

Wood, H. J. 823
Wood, Karl D. 112, 254
Wood, Lyman W. 269, 379, 383, 384, 969
Wood, Rawson, L. 326, 779
Wood, Richard 671, 913, 954(2)
Wood, R. H. 158
Wood, W. A. 289
Woodall, R. H. 950
Woodard, K. H. 289
Woodcock, D. L. 759, 926
Woodcock, F. J. 743
Woodfine, B. C. 315
Woodford, C. G. A. 762
Wooding, Walter H. 685, 700, 701
Wooding, W. M. 746
Woods, Walter 335, 343(2), 344
Woodson, Joseph B. 899
Woodward, A. R. 461
Woodward, G. R. 457
Woodward, William H. 441, 822
Woolard, F. G. 885
Woolen, A. H. 867
Woollcott, W. A. 676, 683
Woolley, Ruth M. 174(2), 200, 221
Woolsey, C. C. 611
Woolston, Donald S. 917, 918, 927
Worch, Günther 145, 147, 159, 490
Work, C. E. 296, 452, 460
Worley, Will J. 288, 412
Wormwell, F. 775
Worner, H. W. 301, 360, 361, 363(2), 365
Worner, R. K. 432
Wosika, L. R. 827
Wray, P. R. 312(2)
Wray, Robert I. 774
Wray, R. L. 437
Wredden, J. H. 745
Wright, O. 727
Wright, E. A. 600
Wright, G. C. 967
Wright, G. W. 401
Wright, T. E. 553
Wright, T. P. 950
Wright, W. 493, 494
Wu, M. H. Lee 202, 290
Wu, T. S. 253
Wu, T. 304, 454
Wu, Ning-Gau 492
v. Wüllerstorff, Leopold 473, 509(2)
Würges, Martin 639(3)
Würth, W. 862
Wuest, Walter 241, 278, 577
Wullhorst 705
Wullschleger, K. 864
Wunderlich, Friedrich 287, 465, 487, 519, 524, 528, 534(4), 561, 562, 572, 573, 765(2), 830, 866
Wundram, Oskar 113
Wuolijoki, Jaakko 738
Wurth, Jean 302
Wurzel, Georg 602, 697
Wuttke, F. 685
Wyant, R. A. 546, 557, 558, 590, 601(6), 602, 607(2), 692(7), 693(5), 694(2)
Wyatt, L. M. 816
Wyatt, H. W. 326
Wyatt, J. L. 365, 369, 372(2)
Wyatt, K. S. 832
Wycital, H. 265
Wylie, J. 916, 935
Wyly, L. T. 514, 628, 634, 710(2)
Wyman, Max 206
Wyon, G. 350
Wyss, Oswald 397, 400(2)
Wyss, Theophyl 302, 303, 447, 536, 747, 792, 835, 836, 874, 955(3)
Wyss, U. 309

Yaeger, David J. 230
Yaeger, Luther L. 415, 416
Yamada, Toshiro 446
Yamaguchi, Shigeto 729
Yamaguchi, Hideo 560, 703
Yamaki, Noboru 173
Yamamoto, Akio 423
Yamamoto, Jungyo 703
Yamamoto, M. 282
Yamana, Massao 898, 914
Yamanuro, M. 810
Yanagisawa, Shoo. 353
Yang, C. T. 372
Yarsley, V. E. 731
Yassin, I. B. 931
Yavorsky, John M. 423, 718, 719
Yeh, G. C. K. 913
Yen, C. S. 447, 452, 537
Yen, K. T. 184, 218
Yerkovich, L. A. 319, 613
Yerkow, Charles 99
Ylinen, Arvo 264, 266, 269, 277, 377, 385, 471, 744(2), 899, 981
Yntema, Robert T. 140, 939
Yoemans, D. E. 350
Yokoyama, Goro 548
Yolton, L. A. 217, 616, 933(3)

Y/Z

Yon-Chalmette, M. 295, 357, 361, 542
Yoran, C. S. 419, 797
Yoshimura, Osamu 348
Yoshimura, Y. 216
Yosida, Y. 946
Young, C. R. 77, 91
Young, D. 278, 279, 287
Young, Dana H. 74(2), 165, 219
Young, James F. 80, 95
Young, J. G. 701
Young, John 840
Young, J. McHardy 75, 115, 970
Young, J. M. 588
Young, K. B. 733
Young, Lloyd A. 105
Young, M. H. 816, 823
Young, W. E. 769(2)
Younger, D. G. 191
Yu, Ai-ting 197, 261
Yu, Y.-Y. 215, 221
Yuan, Shao Wen 251, 252
Yukawa, Mamoru 340
Yushan, Huang 188
Yusuff, Syed 184, 192, 227

Zabel, Hans 225
Zacher, Walter 270
Zachrisson, L. E. 500
Zack, A. 833
Zaczek, S. 152(2), 158
Zade, H. P. 98(2)
Zahn, Ernst 876, 877, 878(2)
Zahorski, Adam T. 140, 238, 925
Zahrt, K. W. 938
Zamboky, A. N. 601, 607, 630, 631
Zambrow, J. L. 294, 445
Zanaboni, Osvaldo 257, 278
Zand, S. J. 944
Zandman, F. 407
von Zandt, R. P. 588
de Zanger, W. 676
Zapf, Gerhard 333
Zapffe, Carl A. 81, 322, 323(2), 324, 562
Zaremba, Zbigniew 882
Zarges, W. 776, 791
Zart, A. 88
Zartman, W. S. 361
Zawodsky, Franz 264, 648
Zaytzeff, Serge 75
Zebrowski, W. 86
Zech, Th. 272
v. Zeerleder, Alfred 83(3), 335(2), 338, 341, 344, 345, 349, 351, 352, 354(3), 355(2), 372(2), 426, 619(2), 662, 693, 725, 773, 794, 817, 844
Zehnder, R. 845
Zeidler, G. 433
Zeigler, James L. 717
Zeller, J. H. 391, 427
Zeller, W. 578, 866
Zellerer, E. 533
Zemann, J. 107
Zemlin, F. 858
Zemsauer, K. 584
Zender, George W. 188, 197, 261, 262, 335, 414, 913
Zeno, R. S. 678
Zeppernick 960
Zerna, Wolfgang 115, 223(2), 225, 232, 233, 235, 242, 247, 248, 249, 256, 257(2), 258
Zettwitz, Rudolf 965
Zeyen, Karl Ludwig 99(2), 590, 591, 593(2), 594(2), 600, 606, 608, 610, 611(2), 677(2), 679(3), 681(3), 685, 688(2), 690
Zezula, A. E. 734
Zibold, K. 571
Zibritosky, George 221(2), 229, 260
Zick, L. P. 237, 248, 762
Zickel, H. 410, 581, 672, 673, 674, 704, 716, 781, 799, 800
Ziegler 352
Ziegler, A. 151
Ziegler, E. 426
Ziegler, Hans 280, 285, 474, 479, 485, 489, 501, 511, 573, 575(2), 879(2)
Ziegler, Karl 669
Ziegler, N. A. 325
Ziem, Hansjoachim 627
Zigeuner, G. 428
Zimirski, F. 973
Zimmerli, E. J. 841
Zimmerli, F. P. 572, 574, 576(2)
Zimmermann, E. 91
Zimmermann, H. 147
Zimmermann, K. F. 692
Zimmermann, Paul 270
Zimmermann, Ph. 150
Zimmermann, R. 575, 796, 897, 984
Zimmermann, R. H. 106
Zimmermann, Ruth 337
Zinke, A. 426
Zinßer, Rudolf 567
Zipp, G. 877
Zinzelmann, Gustav 758

Z

Zizicas, G. 445
Zizicas, G. A. 169, 173, 175, 178, 280
Zlatin, N. 369
Zlotnikov, M. I. 563
Zödler, Hans 834, 884
Zöge v. Manteuffel, Ralph 488, 573(4), 640, 720, 738
Zöllmann, A. 418
Zoethout, G. 690
Zoia, R. 311
Zorn, E. 676, 677, 678
Zorowski, C. F. 281
Zscherpe, E. 572
Zschokke, H. 320, 596, 597, 603, 743
Zschokke, H. R. 821
Zuckerberg, H. 190
Zucrow, M. J. 107
Zünkler, Bernhard 296, 669, 771
Zulinski, E. J. 874
Zumbühl, H. 107
Zumbusch, Wilhelm 332
Zurbrügg, E. 95, 545, 699(2), 707(2)
Zwanziger, W. 833
Zwart, K. K. 680
v. Zwehl, W. 83, 830
Zweiling, K. 479
Zwikker, C. 586
Zypkina, E. D. 819

Verzeichnis der Anzeigen

Seite der Bibliographie

Aluminium-Walzwerk, Singen 339

Blomberger Holzindustrie, Blomberg (Lippe) 392
Braunschweigische Maschinenbauanstalt (BMA) 838
Brunsviga Maschinenwerke AG., Braunschweig 843
Büssing, Braunschweig 872

Capito & Klein AG., Düsseldorf-Benrath 843

Erbslöh, Leichtmetall-Halbzeug, Wuppertal-Barmen 340

Fahrzeug und Maschinenbau (FAMAS) Linke-Hofmann-Busch, Salzgitter 857
Felten & Guilleaume Carlswerk AG., Köln-Mülheim 649
Frank Werkstoff-Prüfmaschinen, Weinheim-Birkenau 742

Gebr. Claas Maschinenfabrik G.m.b.H., Harsewinkel/Westf. 805

Henschel & Sohn GmbH., Kassel 871
Hohenlimburger Walzwerke AG., Hohenlimburg/Westf. 788

Klöckner-Mannstaedt Werke GmbH., Troisdorf 787

Losenhausenwerk, Düsseldorf-Grafenberg 741
Lutherwerke Luther & Jordan, Braunschweig 806

Mannesmann Leichtbau GmbH., Hamburg, München, Berlin, Düsseldorf, Köln, Dortmund, Frankfurt, Stuttgart 806

Novopan-Beratungsdienst, Göttingen 399

Salzgitter Maschinen AG. (SMG), Salzgitter-Bad 963
Stahl- und Walzwerke Rasselstein/Andernach AG., Neuwied/Rh. 964

Vereinigte Aluminiumwerke AG. (VAW), Bonn 847

Westdeutsche Sperrholzwerke AG., Wiedenbrück/Westf. 393
Wetzell-Gummiwerke A.G., Hildesheim 650
Wilke-Werke AG., Braunschweig 839

Berichtigung

zur Bibliographie der Veröffentlichungen über den Leichtbau und seine Randgebiete

auf Seite	Zeile	ist zu setzen:	anstelle von:
„ 62	27	SAE-Quart. Trans.	SEA Quart. Trans.
„ 87	39	Smith, Paul I.	Paul and Smith
„ 175	21	R & M 2430 Sept. 1940	R & M 2430 1950
„ 218	13	Rep. 1827	Rep. 827
„ 236	23	14 (1938) 168	168 (1938) 14
„ 299	41	.. Stahlart für den Großstahlbau	.. Stahlart
„ 334	13	Einflüsse der Oberflächenbehandlung	Einfluß der Oberflächenbeschaffenheit
„ 336	35/36	.. of an aluminium alloy to British	.. of an aluminium to British
„ 400	3	277—283	279—283
„ 488	44	1/10 25—60	1/10
„ 494	17	187—188	183—186
„ 988	49/51	ist zu streichen	

GPSR Compliance

The European Union's (EU) General Product Safety Regulation (GPSR) is a set of rules that requires consumer products to be safe and our obligations to ensure this.

If you have any concerns about our products, you can contact us on ProductSafety@springernature.com

In case Publisher is established outside the EU, the EU authorized representative is:

Springer Nature Customer Service Center GmbH
Europaplatz 3
69115 Heidelberg, Germany

Batch number: 10682427

Printed by Printforce, the Netherlands